URBAN PLANNING Prompt Design and Expression

城市规划快题设计与表达

编 著：绘世界考研快题训练营

主 编：乔 杰 王 莹

中国林业出版社

图书在版编目（CIP）数据

城市规划快题设计与表达 / 绘世界手绘考研快题训练营 编著，乔杰、王莹主编 —— 北京：中国林业出版社，2013.10（2024.01重印）

ISBN 978-7-5038-7115-3

Ⅰ.①城… Ⅱ.①绘…，②乔…，③王… Ⅲ.①城市规划—研究生—入学考试—自学参考资料 Ⅳ.① TU984

中国版本图书馆 CIP 数据核字 (2013) 第 161786 号

编　　著：绘世界考研快题训练营
本书主编：乔　杰　王　莹
参编人员：陈彤彤　罗　胴　杨含璞　陈　志　范　坌　王克刚　郭岳岳
　　　　　龚子怡　张光辉　张恩典　王成虎　罗梦雪　李澜鑫　戚欣悦

中国林业出版社·建筑家居分社
责任编辑：杜　娟　马吉萍　唐　杨
出版咨询：（010）83143595

出　版：中国林业出版社（100009 北京西城区刘海胡同 7 号）
网　站：www.forestry.gov.cn/lycb.html
印　刷：河北京平诚乾印刷有限公司
发　行：中国林业出版社
电　话：（010）83143605
版　次：2013 年 11 月第 1 版
印　次：2024 年 1 月第 5 次
开　本：889mm×1194mm　1/12
印　张：18
字　数：200 千字
定　价：68.00 元

教 之 道 · 贵 以 专

前言
Rerface

城市是城市化过程中出现的复杂聚居形式，其产生是人类社会发展的必然结果，城市产生的原因包括政治、军事、交通、商品生产和商品交换等。城市的基础内容可简单概括为三类：城市实体与内空、自然、秩序。若将城市类比于人，城市的实体和内空构成了城市的建筑空间，如同人体组织细胞；自然空间如同人体的血液，让肌体细胞有机融合并产生弹性；秩序如同人体的黄金分割数字语言，让城市呈现空间美学特征。

无论是古希腊的雅典卫城，中国的古代皇城，还是古罗马的都城，在古老城市辉煌的文明史背后，无一不体现着建筑与空间环境的秩序美。

从古代自下而上的城市出现，到近代自上而下的城市发展，以及现代城市在前两者兼容并序中走向文明、自然、生态、和谐，城市的发展由过去的自然属性演变成科学的综合的系统性。

城市规划作为城市科学的主要内容，它包括社会规划、经济规划和形体环境规划，前两者是隐性的，内在的，而形体环境规划是显性的，是外在的。本书中城市规划快题设计所表达的内容是在对社会规划和经济规划的基础上，重点对城市形体环境的规划，如土地利用、交通组织、空间形体、功能分布等的具体布置和安排。

在城市规划学科中，城市规划快题设计是目前国内规划行业考核相关录用人才的基本技能之一，由于90年代后期计算机辅助制图技术在我国的迅猛发展，新时期的规划行业人才在基本专业技能表达方面与老一辈规划建筑界同仁相比已经在退步。然而，快速城镇化发展背景下的城市规划行业，对于规划设计行业人才的思维表达方式要求更多元化，仅仅依靠理性的计算机思维是远远不够的，缺少思维的线条，呈现在眼前的图案似乎总少了些灵性。规划设计需要的更多是一种沟通与协调。设计师需要在任何时间，任何地点，任何条件下运用最简单的画笔工具表达最清晰的设计思维。因而，快题设计自然成为最有效的设计表达和设计交流的媒介之一。

古语云：冰冻三次，非一日之寒。快速思维构思、流畅线条表达能力非一日之功。需要的是相关专业知识的积累，特别是作为综合性学科思想融于一身的城市规划专业，多学科知识的储备以及多元动态视角是良好规划思维表达的基础。

金经昌老先生曾说过，规划是为人民服务的事业。每一个规划工作者应该在新时代背景下肩负自己的一份责任。本书重点内容城市规划快题虽然是城市规划设计工作中的一小部分内容，即详细规划、城市设计范畴的部分内容，但由于城市规划学科的动态性、综合性、实践性和针对性等特点，使得任何的设计均不存在绝对合理和最优状态，需要我们规划设计者在不断的学习、不断的实践中去获取真知灼见，需要我们拥有对美好生活的向往和对城市未来蓝图的憧憬。希望读者能够从本书的基本框架了解到规划快题设计的目的、掌握规划快题设计的基本内容、提升规划快题设计的思维表达能力、更好地去解决在城市规划工作中遇到的实际问题，为我国新型城镇化建设，城市的健康、快速发展贡献出自己的一份力量。

乔杰 王莹 于喻家山 2012.11

导读

Introduction

本书编写之初，作者对全国规划专业具有优势的院校历年规划考研快题和国内一线设计院招聘考试快题做了深入细致的研究，发现城市规划快题考试具有极其鲜明的针对性，并有别于其他设计类型。特将方法要点归纳如下：

关键点一：快题考试要求考生在3—8小时内完成设计及表达，这就要求考生必须具备准确分析、快速构思和娴熟表达的基本功。

关键点二：试题很少选择生僻怪异的规划类型，多为考生日常能接触到的常规设计，如居住区规划设计、城市中心区规划设计、校园规划设计等，这就要求考生打牢基础，熟练掌握规划设计要点和表达技巧，并具备一定的归纳总结能力。

关键点三：试题中隐藏的关键得分点即"题眼"，要求考生必须掌握快速解题技巧，对多个构思方案进行综合分析、比较、判断，最终做出正确选择。

关键点四：快题试题的总体设计类型不多，但针对规划快题考试以上四个关键特点，本书在具体章节安排上采用分类阐述，介绍了规划快题设计与表现的基本方法与常用技巧，归纳了常见规划类型的设计要点及表达技巧，并结合历年真题，总结优秀作品的成功经验，以帮助读者提高快速规划设计与表达能力。本书共分八个章节。第一章，概论，介绍城市规划快题设计（以下简称快题设计）的概念、知识考点、设计任务，并向读者直观展示了快题设计标准考卷及答卷的形式及内容；创新性地针对指导现代城市规划的重要思想理论进行了图示化解读。第二章，城市规划快题设计基本技能，从设计类型掌握、设计价值观塑造、设计方案构思、设计规范解读、设计方案落实、表现技法。通过这六个方面帮助考生掌握规划快速设计的基本过程。第三章，城市规划快题设计基本素材，归纳快题设计中的常见素材——建筑单体、交通系统、景观环境的空间形态和设计要点，并重点训练整体空间的划分与组合。第四、五、六、七章，选择了居住区、城市中心区、校园、城市旧城更新区四种常见的考试类型，从概论、设计原则、要素结构与形式、高分要点及技巧等方面入手，并结合实际案例，着重分类讲解快题设计的方法、过程和技巧。第八章，优秀作品欣赏，集中讲解了前四章未分类的特殊题型的解决方案，并提供优秀作品供考生学习借鉴。

需要说明的是，本书编著的初衷，是为了帮助规划专业学生了解规划快速设计，因此在书中大量采用了设计的语言——图解。图解是设计创作的重要方法，是最有效的设计表达和设计交流媒介之一。图的表达内容十分丰富，并给人思考和延伸的余地，不同的人会有不同的理解。从设计的角度来说，快题设计是一种创造，因此采用图解的形式更能适合城市规划快题设计的考生。

此外，本书收纳了部分国外经典规划作品与国内相关优秀规划设计，并配合针对性强的点评，引领读者直观地掌握设计要点。书中所选学生优秀设计作品来自绘世界2010—2013期绘世界手绘训练营学员作品，在此向各位参与并提供资料的学员表示感谢。

本书可作为城市规划专业、建筑学专业、景观学专业人员学习、考研与求职的辅导书，也可供相关从业人员工作参考。

目录

Contents

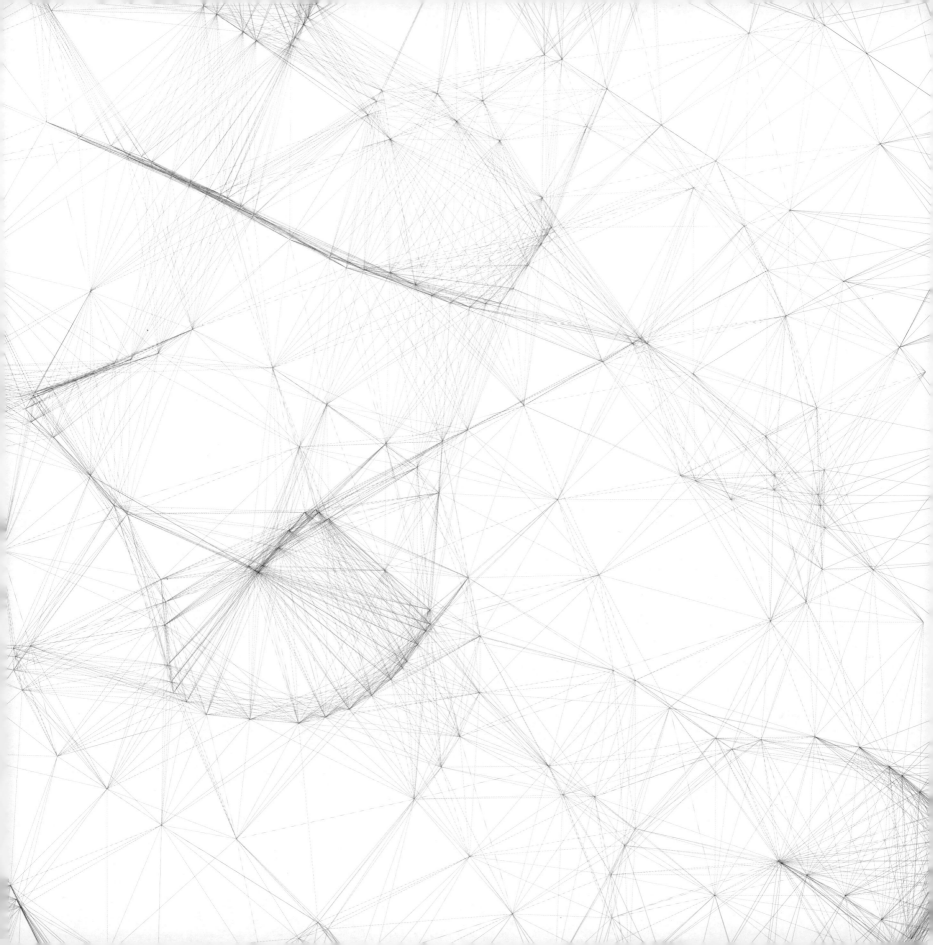

第一章　概论

概 论

从城市发展的角度来看，城市是社会经济发展的集中体现。回顾城市发展历程，早期的"城"和"市"是两个不同的概念，"城"是一种边界鲜明、形态封闭、内向型的，而且主要是为社会的政治、军事等目的而兴建的空间形式；市则是一种边界模糊、形态开放、外向型以贸易和交易为目的的空间范围，其空间形态随着社会经济的发展在不断地丰富和扩大，并相互渗透，界限模糊，不断融于新的环境形态中，最终形成人类最早的复杂的聚居形式——城市（图1-1）。

城市的形成过程，大体上可以分为两类：一种是有规划的城市即"自上而下"的城市，另一种是"自下而上的城市"。

"自上而下"的城市一般在集权统治制度下形成，我国古代的一些城市，特别是一些都城，都严格按照"自上而下"的建设方式形成。

《周礼·考工记》中记载"匠人营国，方九里，旁三门，国中九经九纬，左祖右社，面朝后市，市朝一夫"的都市建设思想，这一思想反映了统治阶层在物质和精神层面的需求。中国古代这些城市的规划设计一直延续和衍生着古代营城的基本模式，其空间秩序、边界、建筑高度、色彩都蕴含着中国传统文化、伦理的空间秩序观。

封建统治时期的欧洲同样遵照"自上而下"的古城建设模式，古希腊、古罗马以及文艺复兴时期的古都都呈现这一特征（图1-2）。

"自下而上"的城市是按自然或客观规律按发展的实际需要多年积累而形成的城市。其自然生长没有人为或很少有人为的干扰，以发展为需求，功能合理，适应环境变化和社会的发展。这类城市形态灵活多变，形散而神聚。

城市虽然可简易分为这两类，但大多城市是两者兼具有之，不是能够完全分开的，特别是像我国这样一个由农业社会向工业社会快速转变而实现全面城市化的国家，新兴的城市大多由聚落式的村镇向城镇转变，这类城市的发展规划与设计以其固有的体系和秩序为前提，再通过人为作用，使之成为布局合理、功能齐全的现代城市。一个好的城市应该是兼具"自上而下"与"自下而上"两个过程，所以城市的规划与设计在充分认识城市自然生长和发展机制的基础上，应发挥自身科学性、综合理性并总结人类社会城市发展经验和教训，为城市的宜居性、城市的现代化发展和城市的生命力延续做出有意义的探索。这也是城市规划学科发展的意义和责任所在。

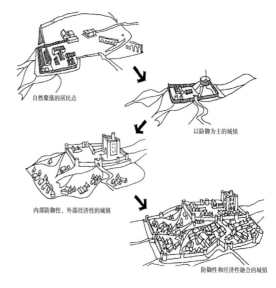

图1-1 城市的演变发展过程
图片来源：金广君.图解城市设计.2010

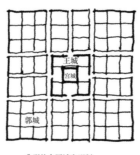

典型的中国城市型制

典型的欧洲城市型制

两种不同型制的"自上而下"的城市

图1-2 两种不同型制的"自上而下"的城市
图片来源：金广君.图解城市设计.2010

1.1 相关概念

1.1.1 基础概念

1. 城市规划（Urban Planning）

城市规划作为一门公共政策，其核心作用是对城市空间利益的协调与分配，为实现城市社会、经济、文化、环境的可持续健康发展，提出城市未来空间发展的途径、步骤和行动纲领，并通过对城市土地利用及其变化的控制，来调整和解决城市空间问题的社会过程。

2. 城市设计（Urban Design）

城市设计是一门关注城市规划布局、城市面貌、城镇功能，并且尤其关注城市公共空间的一门学科。是介于城市规划、景观设计与建筑设计之间的一种设计（图1-3），但相对于城市规划的抽象性和数据化，城市设计更具有具体性和图形化。

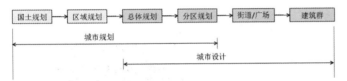

图1-3 城市规划学科定位 图片来源：作者自绘

城市设计要在三维的城市空间坐标中化解各种矛盾，并建立新的立体形态系统。城市设计侧重城市中各种关系的组合，建筑、交通、开放空间、绿化体系、文物保护等城市子系统交叉综合，联结渗透，是一种整合状态的系统设计。

3. 详细规划（Detail Planning）

详细规划分为控制性详细规划和修建性详细规划。控制性详细规划重点解决地块内建筑高度、密度、容积率等技术数据的平衡问题。修建性详细规划则在总规、分规和控规的基础上详细制定工程项目的空间布局方案。可以说，控详规更偏重于二维平面的指标控制，而修详规则兼顾二维和三维空间的设计，因此二者表现出不同的形态维度（图1-4）。修建性详细规划是城市规划快题考试的主要题型。

根据原建设部《城市规划编制办法》，修建性详细规划应当包括下列内容：

（1）建设条件分析及综合技术经济论证；

（2）做出建筑、道路和绿地等的空间布局和景观规划设计，布置总平面图（1：500~1：2000）；

（3）道路交通规划设计；

（4）绿地系统规划设计；

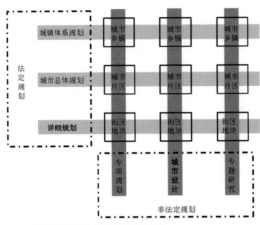

图1-4 相关规划类型在规划体系中的划分

（5）工程管线规划设计；

（6）竖向规划设计；

（7）估算工程量、拆迁量和总造价，分析投资效益。其中前四项规划内容也是城市快题设计图面表达的重点。

4. 规划快题设计

快题是指在较短的时间内（3~8小时）完成设计方案及其表现、说明的一种设计形式。城市规划快题设计主要考察考生城市规划设计的综合能力，包括思维能力、分析能力、理论能力、创新及表达能力。快题设计是高等院校审核考试、研究生入学考试及设计单位招聘等重大考试采用的主要形式，越来越被业界同仁和广大师生所重视。

城市规划快题设计考察范围一般在修建性详细规划和街区地块层面，设计任务要求设计者在短时间内，快速解读任务书，明确设计目标和设计概念，完成设计构思和空间方案，并通过简明直观的分析图解和准确有效的图纸表现传达设计构想。

1.1.2 设计目标和价值观

城市规划的作用是实现对城市空间资源的有效分配，其本质就是要求促进发展、保障公平、合理分配利用资源与保护公共利益。随着社会主义市场经济的发展，城市规划的社会学转向趋势明显，作为城市规划学科重要分支，城市规划快题设计在价值观、设计理念、设计目标等方面应更多地考虑发展效率与社会公平之间的关系，要在物质更新设计过程中以经济、社会、文化、生态与人的可持续健康发展为设计基础，以实现物质更新与社会发展同步为最终落脚点（图1-5）。

相关设计理念灌输于本书相应设计章节中，如居住区规划快题设计中，在考虑合理空间功能结构、景观结构、路网结构同时应考虑居住住宅设计多样性、住区空间的区域关系、城市生态空间的网络延续性等以实现社会居住空间的"社会生态"平衡；城市中心区设计中在考虑商业空间的规模效应、区位因素、辐射范围等时应同时考虑目前大家关注的城市交通问题、城市核心区开发模式及城市公共服务功能的均等性等。

因此，在城市规划快题中如何在物质层面实现理性功能与感性美学的完美结合，同时兼顾公平与效率，合理分配城市资源，实现社会公平和社会整合，避免社会空间分裂同样是我们城市规划快题设计需日益关注和亟待提升的环节。

建议参考书目：《论城市规划的社会学转向》

1.2 城市规划快题的设计基础

城市规划作为一门公共政策，其实质是对城市空间利益的协调与分配。城市规划设计作为制定和实施城市规划的基础，在多元化社会发展背景下，应汲取多方位、多层次的学科思想及理论，而能综合把握城市规划设计的核心要义。

1.2.1 城市发展观念的汲取

认识城市发展基本规律，树立正确的价值取向，包括城市经济、社会、文化、生态等各个方面。规划设计不仅是解决城市微观层面的用地、建筑空间布局、交通、环境等问题，更多的是关注城市社会整体的价值提升。这要求规划专业人才具有城市整体发展的把握能力，对城市动态发展的把握能力，这其中涉及经济学、社会学（人口学等）、地理学、生态学、工程技术、历史学等，需要的是一种统筹把握城市发展的能力（图1-6）。

建议参考书目：芒福德.《城市发展史》；简.雅各布斯.《美国大城市的生与死》；《城市——它的成长衰败与未来》

1.2.2 规划知识的积累

城市规划是一门公共政策，它的执行遵循一定的方法和技术路线。城市规划设计是对城市规划的空间和用地的落实，规划设计者应熟悉城市不同类型用地性质以及各种用地之间的相互关系，了解城市空间布局的形式、结构形态、发展方向研判等城市基础知识。在规划快题设计中，对住区、城市中心区、旧城衰败区和历史文化空间以及各类产业园区的空间特征、用地布局、功能组织、交通联系等技术知识及相关法律法规和技术规范应能灵活运用和规范执行（图1-7）。

建议参考书目：《城市规划原理》（第四版）

1.2.3 建筑基础把握

建筑是城市空间的基本组成单元，在规划中塑造建筑空间不仅包括建筑功能需求的建筑内部空间，也包括建筑所围合或界定的外部空间。掌握不同类型建筑的功能构成、平面形态、空间组织方式和布局形式是规划设计空间落地的基础。城市规划快题设计中涉及的建筑类型包括：居住、商业、文化、办公、教育、体育、医疗、会展、体育、研发、服务及市政设施建筑等。

建议参考书目：《建筑规划设计资料集》,《建筑形式的逻辑概念》,《建筑空间组合论（第二版）》

1.2.4 空间环境观的树立

城市公共空间是指那些提供居民日常生活和社会生活使用的室外空间、包括街道、广场、居住区绿地广场、公园和体育场所等，这些空间要素为人类的城市生活提供了交通、交往、集会、游览、休闲、表演、交易、运动等功能。良好的公共空间塑造是健康城市生活的基础，同时也是优秀规划设计的亮点所在。

建议参考书目：《城市意象》,《街道美学》

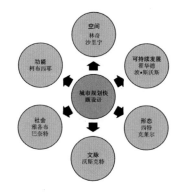

图1-5 城市规划快题设计的理论脉络梳理
图片来源：作者自绘

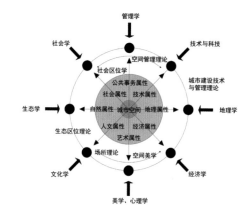

图1-6 城市规划快题设计的理论脉络梳理
图片来源：吴志强.城市规划学科的发展方向

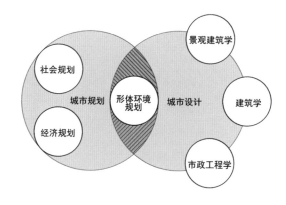

图1-7 城市规划快题设计的理论脉络梳理
图片来源：作者自绘

1.2.5 城市规划学科思想发展历程

表1-1 城市规划设计思想发展历程
表格来源：根据，城市规划学科的发展方向（吴志强）改绘

年代	思想或著作	年代	思想或著作
1890 年之前	大城市的阶级问题	1961~1973	规划中的多元倡导
	公园与城市扩张		理性主义与综合性规划
	城市市政工程设计		郊区化
1890~1915	田园城市		寂静的春天
	城市艺术设计	1973~1980	城市设计作为政策
	工业城市		马丘比丘宪章
	城市规划的数据调查		社会公正
	城市社会的种族问题		城市复兴运动
1916~1945	当代城市	1981~1990	城市设计宣言
	新城运动		城市社会政策批判
	法西斯思想		我们共同的未来
	城市之始与文明	1990 年以来	新都市主义
	中心地理论		精明增长和紧凑城市
1946~1960	城市更新运动		沟通规划
	规划的标准理论		政权理论与城市政治
	城市社会的本质		妇女在规划中的方向性影响
	增长极理论		21 世纪的城市：走向三大和谐
1961~1973	城市意象		全球化理论与全球城
	文化遗产保护		信息经济
	社会政策批判		可持续发展
	城市规划批判		生态城市
	规划中的多元倡导		应对气候变化的城市规划
	理性主义与综合性规划		
	郊区化		
	寂静的春天		

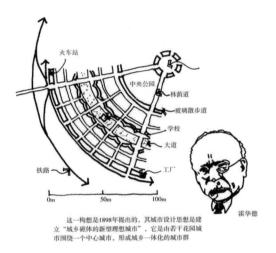

这一构想是1898年提出的，其城市设计思想是建立"城乡磁体的新型理想城市"，它是由若干花园城市围绕一个中心城市，形成城乡一体化的城市群

图 1-8 英国社会科学家霍华德"明日的田园城市"的构想
图片来源：金广君.2010

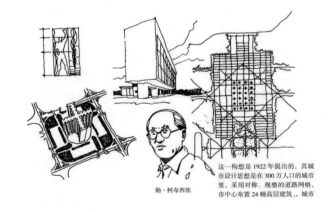

这一构想是1922年提出的，其城市设计思想是在300万人口的城市里，采用对称、规整的道路网格，市中心布置24幢高层建筑，城市

图1-9 现代建筑大师勒·柯布西耶"明天的城市"的构想
图片来源：金广君.2010

1.3 城市规划快题的应用技巧

快题是规划工作者对设计思路最直观、最有效的表达和交流方式。因此，全国各大院校以及各级规划设计部门都选择规划快题设计作为入学和入职考核的重要内容。

规划快题设计是指在较短的时间内（3~8小时）完成设计方案及其表现、说明的一种设计形式，主要考察考生在城市规划设计方面的综合能力，包括思维能力、分析能力，综合运用城市规划设计理论能力、设计创新及表达能力。

城市规划快题设计范围一般在修建性详细规划和街区地块层面，设计任务要求设计者在短时间内，快速解读任务书，明确设计目标和设计概念，完成设计构思和空间方案，并通过简明直观的分析图解和准确有效的图纸表现传达设计构想（表1-2）。

1.3.1 解读设计条件

解读任务书，明确考试快题的类型及考查范围，回忆此类快题设计中的侧重点和注意事项。仔细阅读任务书中给出的各项设计条件，通常情况下，任务书中给出的设计条件分为常规条件和特殊条件两种，常规条件包括：自然气候、区位及周边环境、周边道路交通、用地形状、地形地貌等；特殊条件可以由常规条件衍生而成，如基地内包含一条自然水系，周边有山体、湖面，基地紧邻城市政治文化中心、基地一面临城市快速路，火车站位于城市某方向等，也可以单独给出，如基地内一座需要保留的教堂，基地内有一块已建成的居民小区等。考生要仔细体会出题者的考查意图，抓住"主要矛盾"入手，才能有的放矢。

1. 分析设计条件

题目中给出的限定条件，往往是开启方案构思的"题眼"，准确分析设计条件是进行方案构思的第一步，也是重要的基础和依据。应试者要善于捕捉这些限制条件，并敏锐的反映在设计的构思当中。

（1）自然条件分析：自然条件包括基地中给出的地形、山脉、水系等要素，对设计具有很强的干预性，应试者应从生态的角度出发，减少挖填土方量，而更多的利用现场的自然条件，组织景观环境特色。

（2）区位条件分析：基地并不是独立存在，它在区域的影响和培育下形成的。规划设计中必须考虑基地与周边环境和功能的衔接，根据周边地块的用地性质和使用功能，组织基地内部的功能分区，反映出基地在区域中的价值。

（3）交通条件分析：交通往往是主宰快题设计成败的关键，快题设计中，考生既要合理组织区内交通，也要注意区内、区外交通的衔接。如区内机动车出入口距离主干道交叉口不应小于70m。

（4）保留遗产分析：快题设计中出现的保留建筑条件，以历史文物古迹居多，包括古街、古建、古树、古井等，往往兼备使用价值和文化内涵，是城市重要的公共文化资源设计中，应兼顾保留文物的保护和使用，可结合遗址营造可供市民参与的文化场所，为市民观赏提供必要的公共场所和视线廊道，并注意古建筑周围的限高要求。

表1-2 高等院校硕士研究生入学考试《规划设计（6小时快题）》考试大纲

一、考题类型				二、考试内容及分数比例		三、考试要求：
大类	细分类型	历年出现频率	院校	考试内容	分数比例	
城市居住小区规划设计	纯住区、商住混合区	12年、05、03、00年	同济、华科、华南	规划设计构思	10%	1. 考试时间:6小时(含午餐时间) 2. 规划设计构思、分析及设计意图必须表达清楚。 3. 图纸规格：A1 4. 规划设计表现方式不限。 5. 规划设计成果必须规范。
城市中心地段规划设计	商业（金融）中心、文化中心	……	同济、华科、	规划设计分析	5%	
城市入口地段规划设计	轨道交通站点	08、11年	同济、华科、	规划设计	50%	
城市滨水区规划设计	滨水住宅区、滨水商业商务区	04、06、08、09年	同济、华科、华南、西建	建筑选型或设计	10%	
城市街道规划设计				规划设计意图表达	15%	
旧城改造规划设计	一般地区、历史街区	03年、04年、08年	同济、华科、华南、	技术经济指标及规划说明	10%	
校园规划设计	……	12年	华科、华南			

1.32. 明确设计成果

（1）总平面图

总平面图是规划设计的灵魂，也是快题设计中分值最高的一部分，总平面图应清晰的反映方案的空间结构和布局特色，避免杂乱无章．把道路功能及所有设计程序出来。（图 1-10，图 1-11 ）。在规划总平面图中应包括以下内容：

① 场地原有地形地貌及保留的山体水系等自然环境。

② 场地原有及规划的道路和保留的建筑物或构筑物。

③ 建筑物和构筑物的位置、层数、功能。

④ 路面停车场及地下车库出入口等静态交通设施布局。

⑤ 绿化、广场、景观及休闲设施的布置。

⑥ 指北针或风玫瑰图，比例尺等。

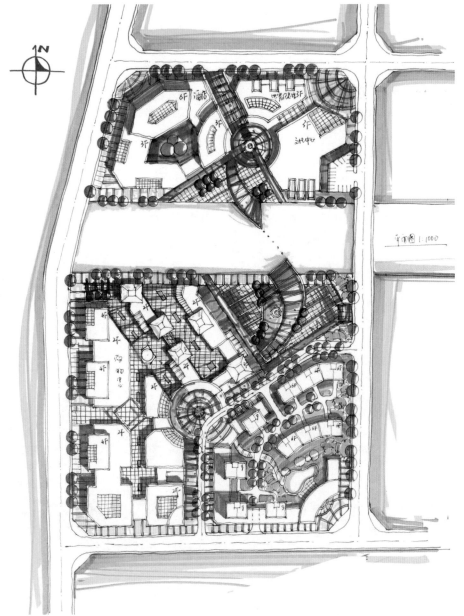

图1-10 某规划快题成果平面图 图片作者：朱云云

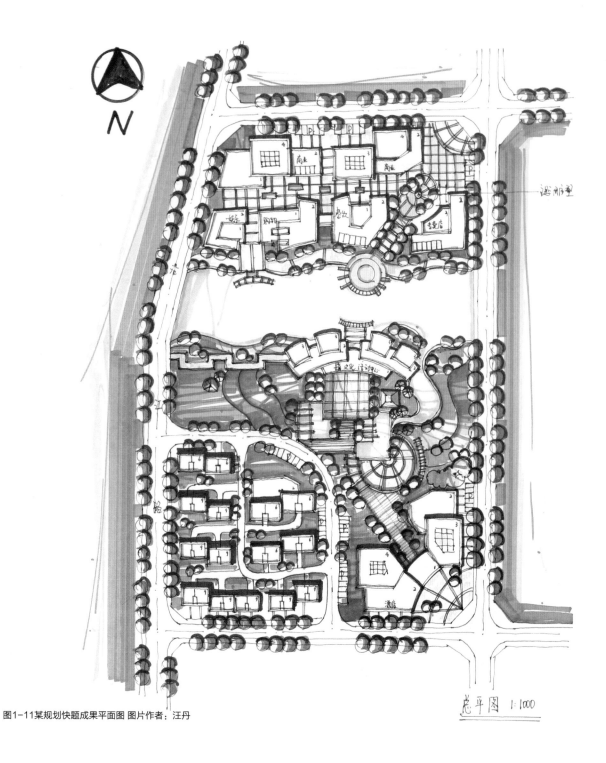

图1-11某规划快题成果平面图 图片作者：汪丹

总平图 1:1000

（2）分析图

分析图是补充说明设计思想的示意图，设计者通过抽象的图解语言概括表达具体的图纸内容（图1-12）。规划快题考试中常用的分析图主要包括功能分区图、道路系统图和景观结构图。分析图的绘制要强调系统性和一致性，在统一的底图上简洁明了的反映方案的结构特征和设计特色。

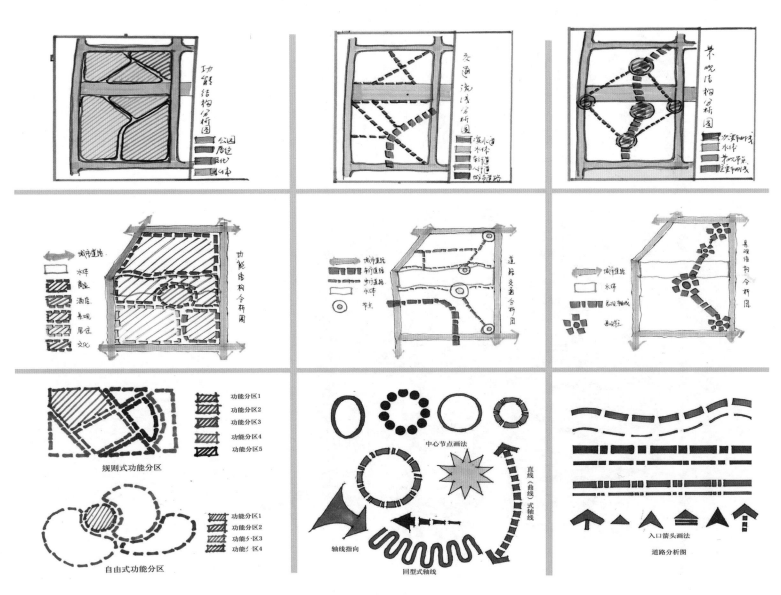

图1-12 分析图表现手法

（3）效果图

效果图是通过透视或轴侧手法将平面的图纸三维化，用于直观展现方案实际效果。快题效果图一般绘制时间在 30 分钟左右（6 小时快题），要在这段时间内完成墨线、上色、配景等内容。快题设计中的效果图表达应掌握以下要点：重点地段配景透视；注重构图、突出重点；确保准确的透视关系；线条简洁流畅；着重表达建筑的阴影关系和体量感（图 1-13，1-14）。

效果图是设计方案最直观的表现形式，在规划快题考试中常考察的三维表现形式分为局部效果图和鸟瞰图（轴测图）两种，其中鸟瞰图最能全面直观地说明群体空间关系。

（4）经济技术指标

经济技术指标通过量的计算衡量设计方案的合理性和综合效益，根据规划快题题目，应试者应该提供与设计方案对应的经济技术指标列表（如上方案图）（表 1-3）。

（5）设计说明

文字说明是图纸表达的辅助手段，"字是图的一半"，通过设计说明能更准确的阐述设计者的设计构思和方案特色。

图 1-13 设计说明：地块为秀川镇中心区，规划其功能定位为集商业、文化、住宅等为一体。同时提供疏散空间广场。空间以广场为中心呈放射状，车行与步行结合，收放有致，形成两轴两中心的结构。能及时应对紧急疏散，并构造了完美的景观结构。各功能区分区明确，联系方便。交通分析方面使周边地块以及地块内各功能建筑能最快疏散静态交通符合要求。

图1-13 某规划快题成果效果图 图片来源：朱云云

表1-3 某居住小区技术经济指标一览表

技术经济指标	
居住户数	1000
居住人数	3500
户均人数	3.0~3.5
总建筑面积	10 万平方米
容积率	1.5
建筑密度	32%
停车位（地面停车位）	800（240）
绿地率	35%
日照系数	1.1

图 1-14 设计说明：本设计应用中国结这个元素，将地块分为三个功能形式，六个部分，利用公园将每个部分连接以形成一个四通发达的中心区规划，公园被河流分为两个部分每个部分一个节点被遥相呼应，地块内主要应用步行系统将人流分散到每个中国结的四周并向公园集聚，这样的一个多节点疏散空间的设置不仅能及时应对紧急情况疏散人流，而且可以减轻灾后人们内心的恐慌，营造一种安全感。

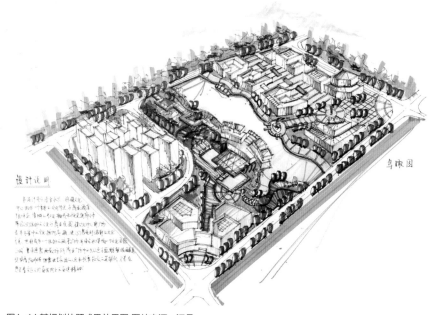

图1-14 某规划快题成果效果图 图片来源：汪丹

1.3.23确定作图步骤

1.设计构思

（1）关键要素提取"开场空间保留（保留建筑、植物、山体）"

（图1-15）。

（2）初步判断车流人流方向。

（3）初定路网（结合功能布局）。

（4）路网通畅、结构清晰、分区明确（完整的表达、出奇出新）。

2.图片深化

（1）建筑序列:重点把握功能尺度、交通组织、间距（日照、消防、退让、形态构成、公共空间、容积率）（图1-16）。

图1-15 某旧城区入口空间规划设计（华中科技大学研究生入学考试2004年考题） 图片来源：周阳月

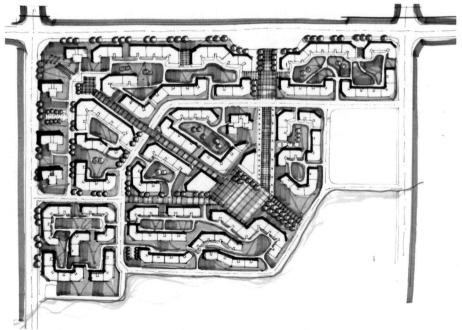

图1-16 某居住空间的居住建筑序列、交通组织及间距间距 图片来源：李婉

（2）景观序列：关键处理好开敞空间、中心、节点、公共服务中心等。

（3）配套落实：落实幼儿园、停车位、地下停车入口、公共服务用房等设施图（图1-17）。

3.图片表达（图1-18）

（1）建筑细节：高差、屋顶、玻璃、连廊。

（2）铺装细节：变化与统一。

（3）绿化：大小、排列、围合、阵列。

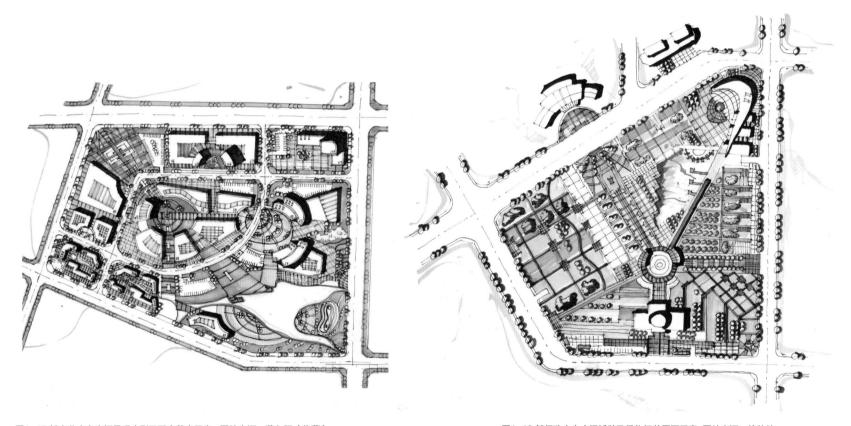

图1-17 某商业中心空间景观序列及配套落实示意　图片来源：葛久阳（临摹）

图1-18 某行政中心广场铺装及绿化细节平面示意　图片来源：徐仕林

1.3.4 判断设计深度

城市规划快题考试考查的是考生的快速设计和表达能力，往往需要考生在几小时内完成区位分析－路网布局－功能结构－组团划分－建筑布局－指标核算的全过程，因此方案在确保合理性、准确性的同时，也要兼顾简明性和特色化。与规划专业课时设计作业不同的是，对方案深度和细部的推敲，需要放在充分保证方案设计合理性之后，依据时间而定，过分地追求表达上的深度和细度，并不能达到快题考试的考核要求，反而有画蛇添足之嫌。快题设计的这一特点要求考生具备"抓大放小"的应试能力。

城市规划快题考试根据目标类型的不同通常分为设计院招聘考试和大专院校入学考试两种类型，不同的考试类型也对快题设计深度的要求也不同。

规划设计院快题考试的宗旨是了解应聘考生基本的规划思维素养和快速手头表达能力，最终的成果评价标准更强调规划总图平面的构思与表达，主要考察考生能否有效解决规划实践中实际问题，对方案表达的深度要求相对较低（图 1-19）。

而规划院校研究生考试是教育主管部门或招生机构选拔研究生组织的相关考试的总称，考查考生在本科学习阶段积累的规划规划设计和手头表达功底，与设计院考试相比，要求更加全面，且评分标准清晰化，有据可依。基于此，针对不同的考试类型，考生应该有清晰的重点把握意识，在平时的规划快题训练和最后的设计表达中做到有的放矢。

1.4 典型城市规划快题考试题卷
1.4.1 城市规划与设计硕士研究生入学考试初试试卷（6小时）

题目：秀川镇中心区地震灾后恢复重建规划设计（6小时）

一、基地概述

秀川镇是 5.12 大地震的极重灾区，全镇在地震之中被夷为平地，现在恢复重建过程之中需要进行中心区规划设计。该镇镇区规划建设用地规模 80hm²，人口约 1 万人。此次设计的中心区位于桃溪和汶江交汇处，分为南北两个地块，总用地面积约 6.20hm²（内含桃溪水面 0.96hm²）。沿江路是上层次规划确定的镇区避震疏散主通道，红线宽度 18m，其他道路红线宽 15m，各路口转弯半径均为 15m。汶江中的码头曾是救灾部队登陆的地点。周边用地情况见附图。

二、功能构成

1. 镇级商业中心 8000 m²；其他商业建筑 4000 m²（可分散布置）。

2. 160 间客房的三星级旅游酒店，建筑面积 14000 m²。

3. 镇文化活动中心，建筑面积 4000 m²（含地震纪念馆 1000 m²）

4. 中小户型住宅，不少于 20000 m²。

三、规划设计要点

1. 建筑密度：桃溪以北小于 40%，桃溪以南小于 30%。

2. 总容积率（FAR）应小于或等于 1.0（总用地面积按 6.20~0.96hm² 计）。

3. 绿地率不小于 20%。

4. 应设计总共不少于 8000m² 的城市绿地或广场兼作避震疏散场所

5. 建筑限高：30 m。

6. 建筑形体和布置方式应有利于抗震和疏散。

7. 避震疏散主通道应保证在两侧建筑倒塌后仍有不少于 7 m 的有效宽度，两侧建筑倒塌后的废墟

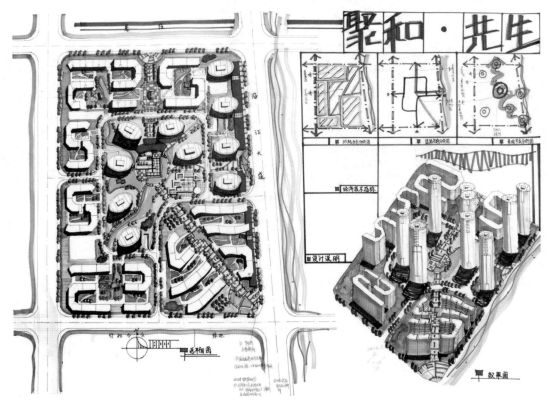

图1-19典型的高校招生考研快题表达（2005年华科考研试题）图片来源：祝晓萧

宽度可按建筑高度的 2/3 计算。

8. 居住建筑间距：平行布置的多层居住建筑南北向间距为 1Hs（Hs 为南侧建筑高度），东西向 0.8H（H 为较高建筑的高度），侧向山墙间间距不少于 6 m。

9. 地面停车位：150 个（含住宅配建 60 个）。

四、设计表达要求

1. 总平面图 1：500，须注明建筑名称、层数，表达广场绿地停车场等要素；

2. 鸟瞰图或轴测图不小于 A3 幅面；

3. 表达构思的分析图（自定）；

4. 附有简要规划设计说明和经济技术指标。

五、附图镇中心区位置示意

六、解题步骤

1. 任务书的分析

正确的设计任务书解读是快题设计的基本要求，考生应对已知项目背景和设计条件进行判断、分类和定义，在领会出题者意图的基础上，筛选出重要的和一般信息，从而有针对性的系统把握题目意图，紧扣命题点。

2. 规划理念的提炼

新颖的设计理念是好的规划设计的灵魂，通过对任务书、背景资料的研究分析，树立正确的价值观念，建构基地的设计概念和规划目标。

3. 方案空间的把握

优秀的规划设计方案应满足合理的用地布局、完备的功能组织、清晰的结构逻辑、丰富的空间形态和宜人的环境设计等评价，其中功能组织结构、路网层次结构以及空间景观结构是方案空间序列的井然有序的基础。规划考生应把握空间的整体性和系统性设计思维，通过规划结构（功能、交通、景观）将各空间要素有机整合，形成合理清晰的设计体系。

4. 快题设计的图面表达

表达是设计的基础，清晰的表达能够准确的呈现设计者的构思，同时，所有的表达都是为了设计而做准备。"繁文缛节"对于快速表现是一种拖沓和冗赘。

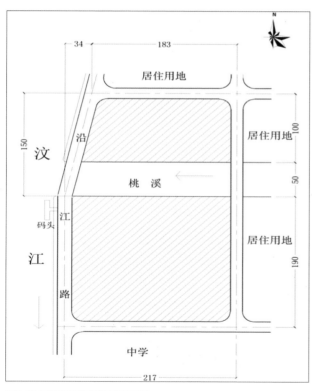

图1-20 某规划快题设计基地平面图

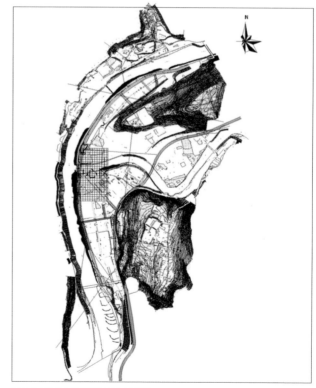

图1-21 某规划快题设计空间区位图

1.4.2 城市规划快题设计考试要求

1. 考试目的

考核考生城市规划设计的知识和能力，包括城市规划设计的基本理论与方法，城市规划设计方案构思能力、分析和解决问题的能力、设计创新及设计表达能力。

2. 评价目标，考生应能做到以下几点：

（1）准确地理解规划设计任务的特点、要求，绿地定性准确，满足园林绿地功能需求；

（2）正确地处理好规划基地与周边用地性质的关系，满足交通功能的要求；

（3）合理地进行功能安排与规划结构设计；

（4）运用有关风景园林规划设计的理论与方法，合理进行用地与空间布局，合理布置园林建筑与园林设施；

（5）提出规划技术经济指标；

（6）能较好地表现规划设计方案，绘图基本功较为扎实。

3. 考试形式与试卷结构

（1）答卷方式：闭卷、笔试；

（2）答题时间：6 小时；

（3）各部分内容的考查比例（满分为 150 分）（图表 1-1，1-2）；

（4）题型比例（略）；

（5）参考书目：不限制。

4. 考试要点

（1）设计任务的性质及特点。

考生应能正确地理解规划用地的性质、特点及其规划设计与功能要求。

（2）规划区用地功能布局。

① 规划主题是否明确，是否反映当代园林设计的特征、时代风貌与发展趋势，

② 规划区用地功能划分是否合理；

③ 规划结构是否清晰及富有创意；

④ 与基地周边地域景观环境结合情况；

⑤ 是否合理组织人、车交通，安排停车场地；

⑥ 是否创造生动、舒适、方便、优美的景观环境。

（3）规划区空间布局与景观设计

① 开敞空间、半开敞空间与郁闭空间的营造效果；

② 规划区景观空间序列设计效果；

③ 规划区植物景观空间设计效果；

④ 规划区绿地景观与周边道路沿线景观设计效果。

（4）规划技术经济指标

① 规划技术经济指标内容是否齐全；

② 指标数值是否合理，是否满足规范与设计要求。

（5）图面表现技能与效果

① 图面表现方式（钢笔墨线、水彩、水粉、彩铅或其他）不限；

② 图面大小达到题目要求（是否按图示比例尺绘图）；

③ 图纸用非透明质（不同招生院校采取要求不等，可视报考院校要求选定）。

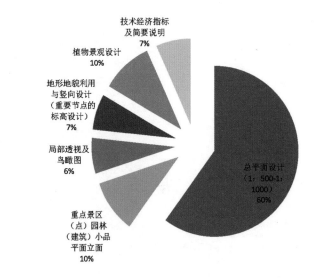

图表1-1 考试形式与试卷结构

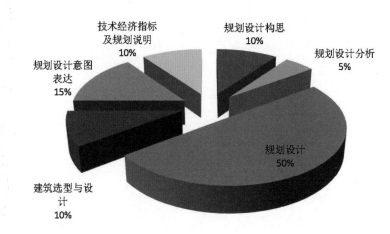

图表1-2 考试形式与试卷结构

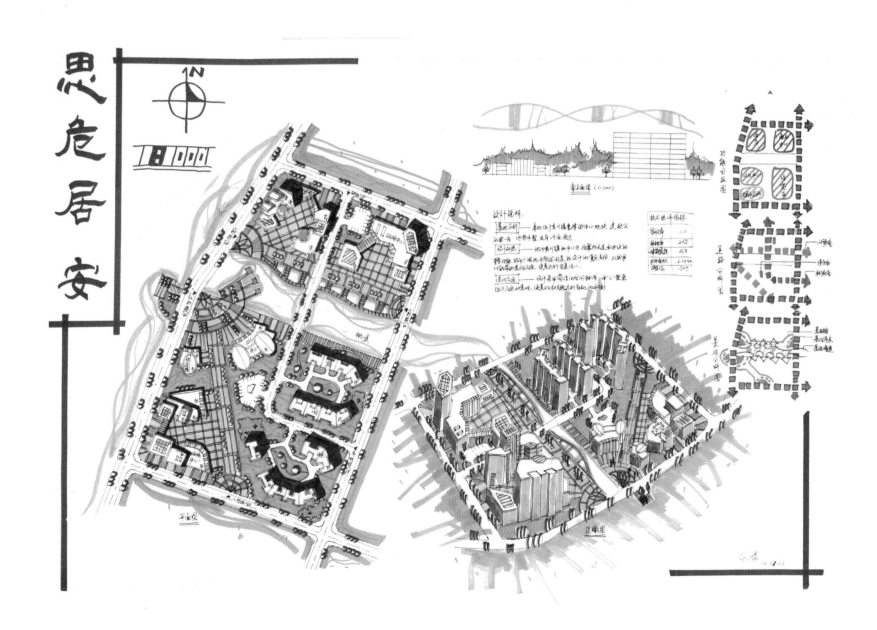

1.4.3 城市规划快题设计考试答卷

作　　者	余腾
学　　校	湖北民族学院
作业时间	6小时
图纸尺寸	1号图纸
学习时间	2013绘世界寒假班

实例2

作 者 徐仕琳
学 校 安徽科技学院
作业时间 6小时
图纸尺寸 1号图纸
学习时间 2013绘世界寒假班

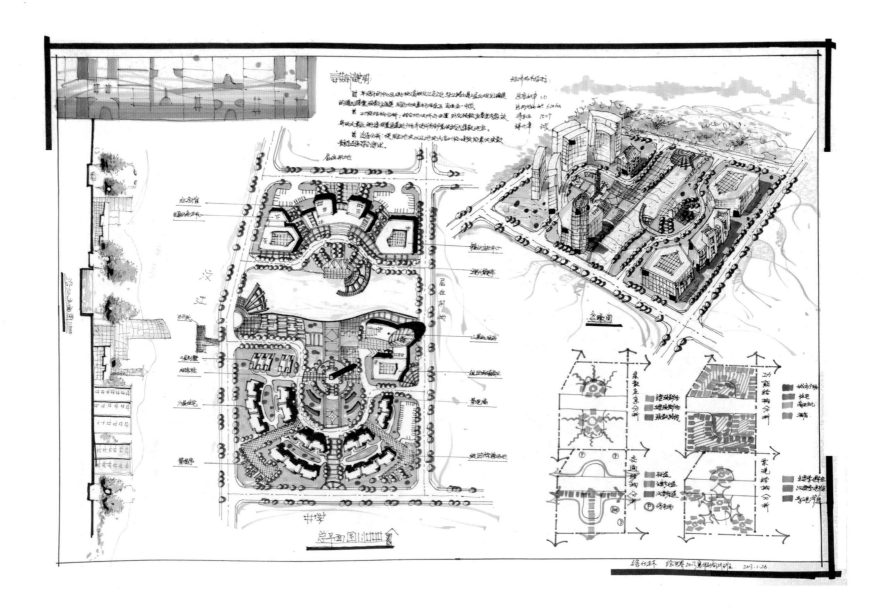

实例3

作　者 张琳雅
学　校 安徽科技学院
作业时间 6小时
图纸尺寸 1号图纸
学习时间 2013绘世界寒假班

实例4

作　　者　刘艺博
学　　校　河南科技学院
作业时间　6小时
图纸尺寸　1号图纸
学习时间　2013绘世界寒假班

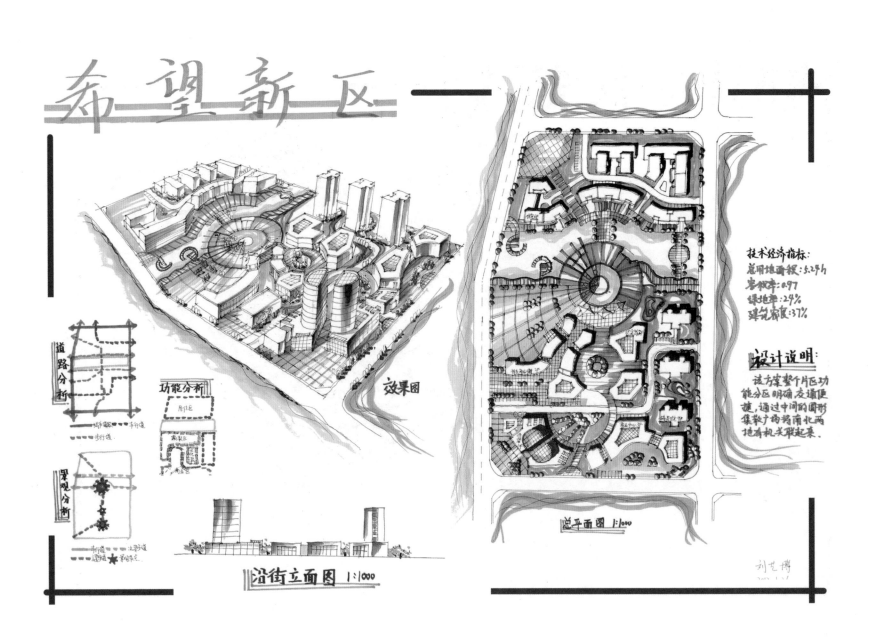

实例5

作 者 徐浩
学 校 河南科技学院
作业时间 6小时
图纸尺寸 1号图纸
学习时间 2013绘世界寒假班

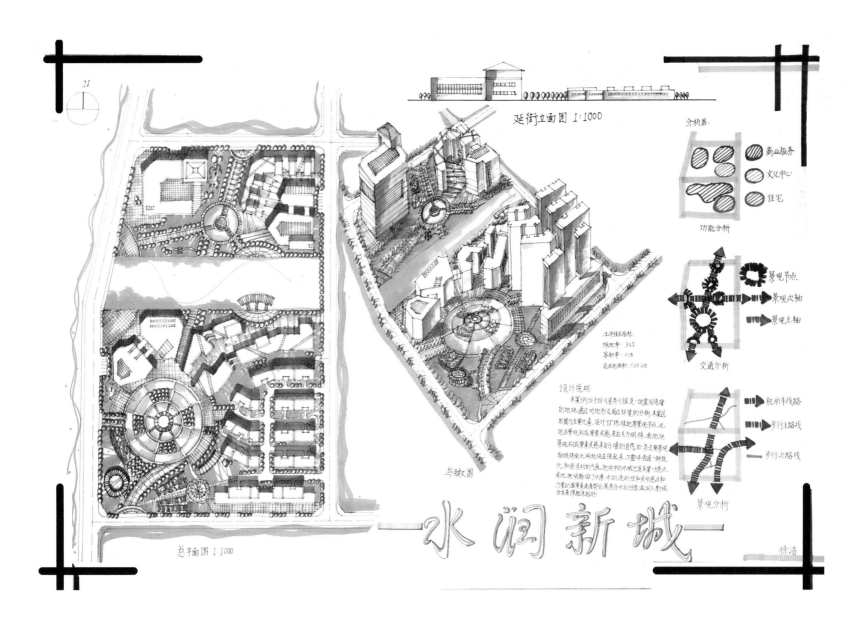

实例6

作 者 熊彬淯
学 校 湖北民族学院
作业时间 6小时
图纸尺寸 1号图纸
学习时间 2012绘世界暑期班

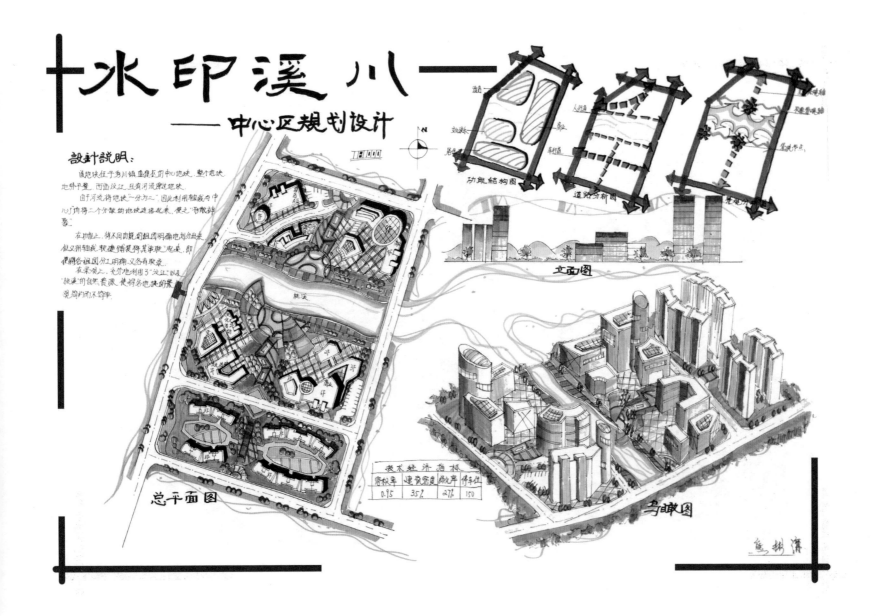

第二章　城市规划快题设计基本技能

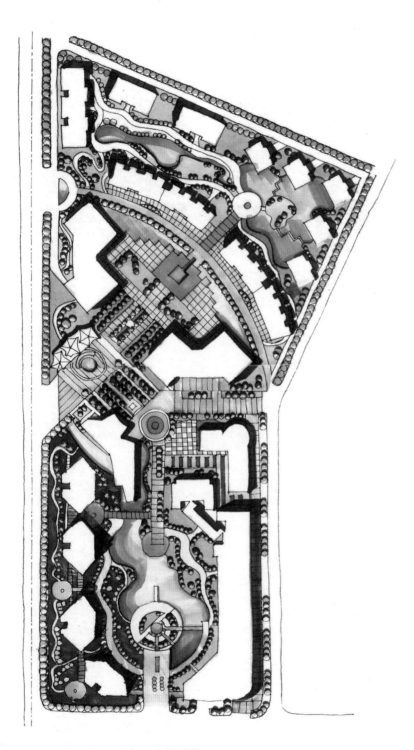

图2-1 典型商住混合区 图片来源：陈彤彤改绘

2.1 设计目标类型掌握

城市规划快题的设计类型以修建性详细规划和街区层面的城市设计为主，通过分析国内各大院校研究生考试和全国几大设计院所招聘考试设计题型，归纳城市规划快题设计为以下四种题型：居住区、城市中心区、城市园区、城市旧城区改造，用地规模由几公顷到几十公顷不等。

2.1.1 居住区规划

表2-1 住区规划分析

设计类型	用地代码（新国标）	功能构成	说明
商住混合区（图2-1）	RB	居住、商业、公共服务配套设施	兼具居住生活和商业功能的片区，一般处于城市的活力区段，主要包括居住建筑、商业建筑、生活配套建筑等，地块的开发强度较高，要综合考虑用地布局，功能结构和交通组织以及不同功能街区间尺度的关系
纯住区（图2-2）	R	居住、公共服务配套设施	主要以居住建筑、生活配套如幼儿园、小学、会所、居委会、老年活动中心，配套商业等，并结合交通、景观综合布局，是提供居住生活的空间。设计应坚持以人为本、因地制宜，遵循相关设计规范，营建布局合理、空间丰富、景观宜人的人居环境居所

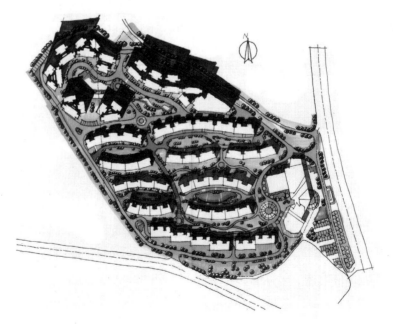

图2-2 纯住区空间平面 图片来源：陈彤彤改绘

2.1.2 城市中心区规划

城市商业（商务）中心、城市商业文化中心、城市行政（商务）中心（轨道站点周边、城市交通入口）、城市绿心（城市公园）（图2-3）。

表2-2 城市中心区规划分析

设计类型	用地代码（新国标）	功能构成	说明
城市商业商务中心	B1、B2	商业、商务办公	以商业服务和商务办公为主，具有人流集散、开发强度大等特色，设计要点应注重城市土地的高效集约利用、整体地段的空间形象，交通的组织关系以及对周边地段的辐射影响作用
城市商业文化中心	B1、B2、B3	商业、商务办公、文化娱乐设施	以商业服务和文化娱乐设施为主，具有城市公共活动空间属性，设计要充分考虑基地空间的城市共享性，应解决好人流的汇集、引导和疏导作用，同时要处理好不同功能、体量公共建筑空间的组合与协调并落实区域公共停车问题
城市行政文化中心	A1、A2、A4、G1、G3	行政办公、市民广场、公园、公共绿地	以政府性办公为主、城市文化设施如市图书馆、美术馆、博物馆、体育馆等为主，具有中轴对称、布局规整等特点
城市门户及形象节点	A7、B1、B2、S	商业、商务、市政设施、市民广场、公共绿地	

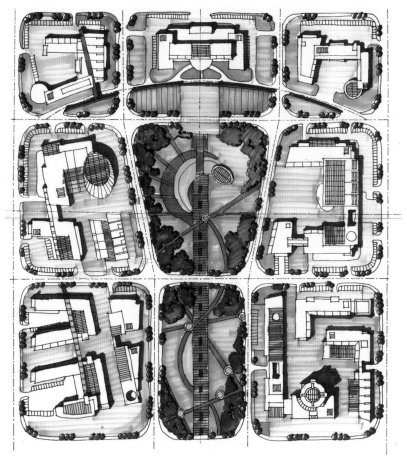

图2-3 某行政中心区规划平面方案 作品来源：陈彤彤 王成虎

2.1.3 城市园区规划

表2-3 城市园区规划分析

设计类型	用地代码（新国标）	功能构成	说明
大学园区	A3	教学、办公、生活、运动休闲、	大学园区是教学和科研集聚地，同时也是文化交流的平台。校园设计本着"生态、人文、个性和可持续发展"的设计理念，追求校园合理的建筑尺度、良好的环境氛围和人性的空间场所。
文化科技园区（图2-4）	Ma、B29	研发、展示、交流、培训、服务、生产	融合创意产业和创意生活，实现智慧生产的和谐创意社区

2.1.4 城市旧城区改造：旧城改造区、历史文化街区

旧城改造是指随着城市经济的发展，为适应已批准的本轮城市详细规划的需求而实施的对与规划发展不相符的旧有城市基础设施的拓展、改线、工矿、企业、商贸、房宅的拆迁与重建，绿地与公共文教娱乐场所的改扩增建设等（图2-5）。

2.2 设计理念与价值观培养

城市规划工作者除了需要了解规划设计的基本原理和方法，更应注重

价值观的培养。先进的城市规划价值观，如：人本观、文化观、生态观、低碳观和整体观等，应在快题设计中得到体现（表2-4）。

2.2.1 人本观

城市规划不是为规划而规划，不是追求美的构图、形态，而是为居住于其中的人能够更好地生活而规划，所以在规划设计前一定要重视对社会文化的研究，以人为本，综合考虑人的需求和行为特征，满足生理、安全、

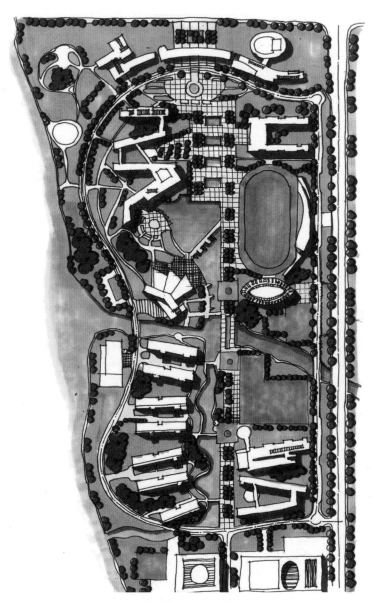

图2-4 某大学园区规划平面方案　作品来源：陈彤彤改绘

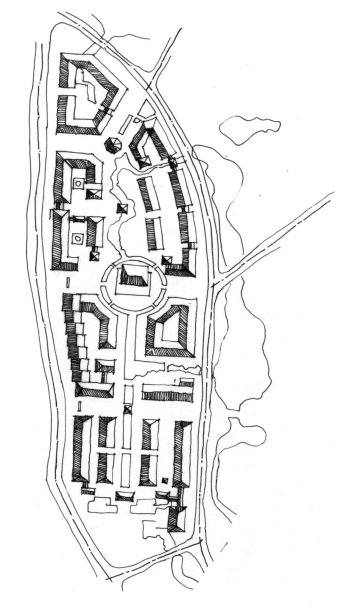

图2-5 某旧城历史地段改造方案平面　作者来源：张光辉

社会、心理和自我实现的需求。并以环境设计有无达到这些要求为最终评价准则。

2.2.2 文化观

文化是一个城市的精神和灵魂，独特的城市文化展现城市特有的气质，文化观指导下的规划设计应充分去了解和解读城市的文化特征，尊重地域文化环境和历史遗存，体现城市的文化内涵，延续城市特有文化脉络，使城市富有地域性、归属感、记忆性。

2.2.3 生态观

城市规划的生态观从生态环境保护的视角看城市的规划和发展，这些观点建立在生态科学所提供的基本概念、基本原理和基本规律的基础上，用以指导城市建设和发展。生态环境作为人类赖以生存的重要条件，应成为规划设计的基本价值取向，正如"反规划"的基本观点一样，任何规划都应以生态的安全性为优先考虑。在快题设计中应充分考虑地域气候、地形地貌、水文、山体植被等要素，构建因地制宜、道法自然的空间布局框架，实现城市的建设与自然环境和谐共生。

2.2.4 低碳观

低碳城市指以低碳经济为发展模式及方向、市民以低碳生活为理念和行为特征、政府公务管理层以低碳社会为建设标本和蓝图的城市。规划快题中的低碳观主要体现在功能结构的组织、街区尺度设计和道路交通组织方式上。合理的街区尺度和道路交通组织方式能够起到引导城市居民步行出行，减少对小汽车的依赖，达到减碳的作用。同时城市空间的有机更新相对于传统的大拆大建也是低碳发展内涵的一种诠释。

2.2.5 整体观

城市规划是一个系统工程，包括社会、经济、文化、自然等很多方面，作为物质规划层面的，城市规划设计中功能组织、路网系统、空间景观结构等都需综合整体把握，社会层面，城市规划设计要考虑城市建设发展（性质、规模、发展方向）与城市的社会、经济、文化整体协调，同时要考虑生态的均衡性和城市整体的协调可持续发展。

2.3 设计方案构思

2.3.1 理性分析

经济技术指标是衡量一个设计方案是否合理的重要依据，城市规划工作者必须具备"算账"的能力，通过经济技术指标来控制规划方案的综合效益。

规划快题题目中会明确给出需要控制的经济技术指标，应试者根据题目给出的指标，结合功能分区，对各地块的总建筑面积、建筑密度、层数做出预判，并选择相应的建筑形态进行初步方案布局。题目给出的经济技

术指标在构思阶段已初步落实，为后面生成合理的设计方案打下基础。

由于时间限制，城市规划快题设计中涉及的经济技术指标体系不会太复杂，应试者必须了解常见指标的控制阈值，并能熟悉掌握指标的计算方法。本书归纳总结了城市规划快题设计中最基础和常使用的几种经济技术指标，在题目未明确给出指标类型，只要求应试者给出"主要经济技术指标"时，可依据以下几项进行指标控制。

（1）总建筑面积

指在建设用地范围内单栋或多栋建筑物地面以上及地面以下各层建筑面积之总和。

（2）容积率

指某一基地范围内，地面以上各类建筑面积总和与基地总面积的比值。熟练地掌握容积率，可以帮助应试者在构思阶段就初步判断出方案的空间布局形态（图2-6）。

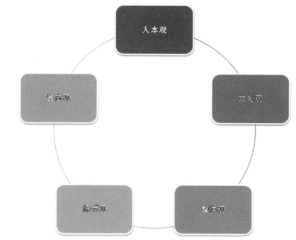

表2-4 设计理念与价值观培养

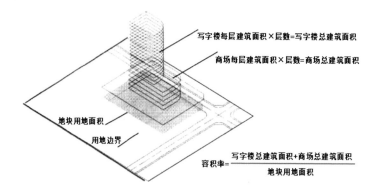

图2-6 容积率概念示意图 图片来源：夏南凯，田宝江.控制性详细规划.上海：同济大学出版社，2005

容积率的确定：

实际城市规划项目确定容积率时，既要考虑城市规模、人口规模、人均空间需求、土地供应能力、基础设施承受能力、交通设施能力、城市景观需求等宏观要素，又要兼顾用地性质、地块区位、基础设施条件、人口容量、地块空间环境、地块出让价格、城市设计要求、建造方式等微观要素需求（图2-7，2-8）。

以住宅容积率为例，通常情况下独栋别墅的容积率为0.2~0.3；双拼、联排别墅容积率可以达到0.3~0.7；完全的多层住宅区容积率一般为0.8~1.2，若局部搭配小高层可达到1.5；完全的小高层住宅区容积率一般为1.5~2.0，若局部搭配高层可达到2.2；高层住宅区的容积率可达到2.5~3.0（表2-7-1，2-7-2）。

计算公式：绿地率＝绿地面积／土地面积

小结：公共绿地率≤绿地率≤绿化率≤绿化覆盖率

表2-7-1 住宅建筑的容积率建议值

建筑群类型	容积率建议值	备注
独栋别墅	0.2~0.5	
双拼、联排别墅	0.5~0.8	纯独栋，空间会有点密；若双拼联排插空间适宜度会高些
6层以下多层住宅	0.8~1.2	纯多层的话，环境应用堪称一流，若夹杂联排别墅，环境相对而言会低些
正常多层（7~10层）	1.2~1.5	正常的多层项目，环境一般。若与多层和小高层结合，环境会是一大卖点
多层＋小高层住宅	1.5~2.0	
正常小高层	2.0~2.5	
小高层＋二类小高层（18层以内）	2.5~3.0	若全部为小高层，环境会很差
高层项目（楼高100m以上）	3.0~6.0	

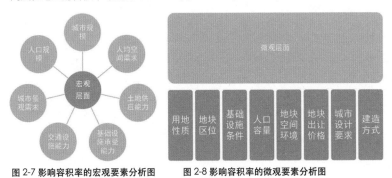

图2-7 影响容积率的宏观要素分析图　　图2-8 影响容积率的微观要素分析图

（3）建筑密度

指建筑物的覆盖率，具体指项目用地范围内所有建筑的基底总面积与规划建设用地面积之比（％），它可以反映出一定用地范围内的空地率和建筑密集程度（图2-7-3）。

建筑密度＝建筑物的基底面积总和／规划建设用地面积。比如一块地为10000m²，其中建筑底层面积3000m²，这块用地的建筑密度就是3000/10000=30%。

建筑密度一般不会超过40%~50%，用地中还需要留出部分面积用作道路、绿化、广场、停车场等。

（4）绿地率 VS 绿化率

指某一基地范围内各类绿地的总和与基地面积的比率（％）。根据《居住区设计规范》新区建设绿地率不应低于30%，旧区改建不宜低于25%。

绿地率较高，容积率较低，建筑密度一般也就较低，发展商可用于回收资金的面积就越少，而住户就越舒服。容积率和绿地率这两个比率决定了这个项目是从人的居住需求角度，还是从纯粹赚钱的角度来设计一个社区。

法律法规中明确规定的衡量楼盘绿化状况的国家标准是绿地率，其计算要比绿化率严格很多。

绿地率通常以下限控制。这里的绿地包括公共绿地、宅旁绿地、公共服务设施所属绿地（道路红线内的绿地），不包括屋顶、晒台的人工绿地。公共绿地内占地面积不大于百分之一的雕塑、水池、亭榭等绿化小品建筑可视为绿地（图2-8）。

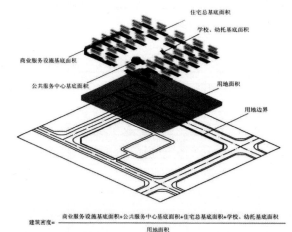

图2-7-2 建筑密度空间示意
图片来源：夏南凯，田宝江.控制性详细规划.上海：同济大学出版社，2005

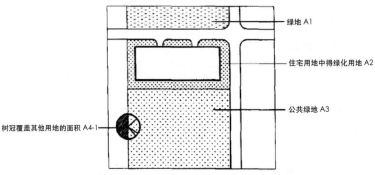

图2-7-3 绿地率示意图
图片来源：夏南凯，田宝江.控制性详细规划.上海：同济大学出版社，2005

2.3.2 感性理解

1. 思维创新

对于设计师来说，设计思维是科学和艺术相结合的产物。艺术思维则以形象思维为主要特征，包括灵感（直觉）思维在内。对于艺术设计师来说，形象思维是最经常最灵便的，艺术设计是科学与艺术相结合的产物。在思维的层次上，是科学思维和艺术思维这两种思维方式整合的结果。科学思维或称逻辑思维，它是一种锁链式的，环环相扣递进式的线性思的一种思维方式。

（1）思，就是想；维，就是序；思维就是有次序地想一想，思索一下，思考一番。是指对事物进行分析、综合、判断，思维是建立在人们对现存事物的充分认识基础之上，经过大脑对这些现存事物的感性认识、理解、分析、总结等逻辑思考过程，从而对其本质属性做出内在的、联系的、间接的、概推理等认识活动的全过程。思维形式指头脑的作用，指导我们进行事件的心智机制。思维形式也称思维模式，或思维方式。一般而言，思维形式包括了价值观、思维过程、思维形式或推论形式三大部分。最有代表性的是把思维形式分为：抽象思维（理性思维或科学思维）、形象（感性）思维、与灵感（顿悟）思维即创造性思维几种形式（图2-9，2-10）。

2. 美学视角

规划设计可以从范畴、结构、观念等几个方面建立起美学视角下的设计框架，并从真、善、美，自然、人工、社会，环境美、自然美、生活美等几个方面建构美学设计思维，作为偏重物质形态设计规划快题表现，本部分着重从自然、人工要素中提取设计之美感，通过要素提出与形态演化，希望读者以此为观察视角，从人工或自然环境中汲取更多美学要素，因地制宜的融入设计方案中（图2-11）。

图2-10 艺术思维的衍生示意图

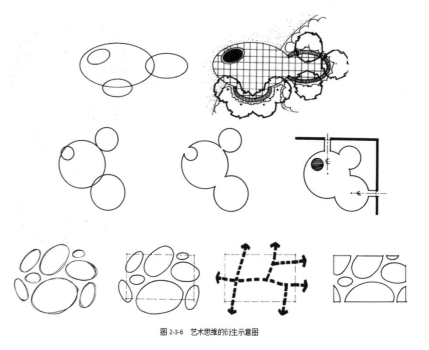

图2-3-6 艺术思维的衍生示意图

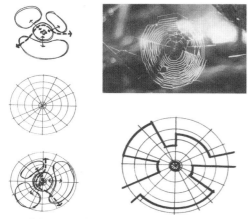

图2-9 艺术思维的衍生示意图

图2-11 艺术思维的衍生示意图

2.3.3 感性与理性结合案例

该部分设计理念是基于对某历史文化名城周边一历史文化地块的概念城市设计提出的,该基地周边有江河湖泊等自然因素,且受名城传统城市空间格局影响,本方案规划设计从传统文化、地域空间特色、城市空间机理延续以及城市空间和环境设计理论中提炼设计构思,演绎过程如下(图 2-12、2-13、2-14):

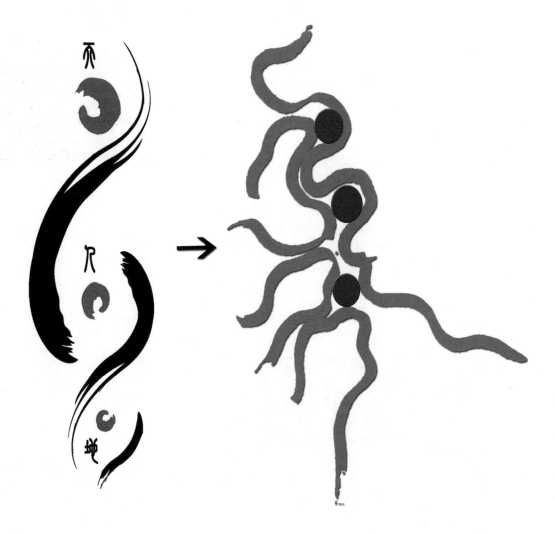

天 代表了无限的时间和空间,是囊括一切的总和。
地 代表了有限的时间和空间,是万物生存的载体。
人 代表了社会活动和文明的传承,是万物的一员。

人与天地保持和谐的关系,是 中国传统文化 的主流。

天,地,人,这三者存在于一种稳定的空间结构。

天象征自然空间,地象征城市与建筑,人象征社会活动。

人法地,地法天,天法道,道法自然。
——老子《道德经》

中国的传统文化 **+** 荆州大江文化 **+** 海子湖生态水文化

图2-12 设计理念分析一 图片来源:作者自绘

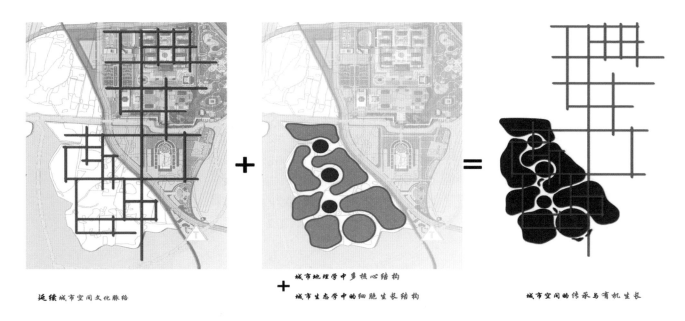

延续城市空间文化脉络

+ 城市地理学中多核心结构
城市生态学中的细胞生长结构

城市空间的传承与有机生长

图2-13 设计理念分析二 图片来源：作者自绘

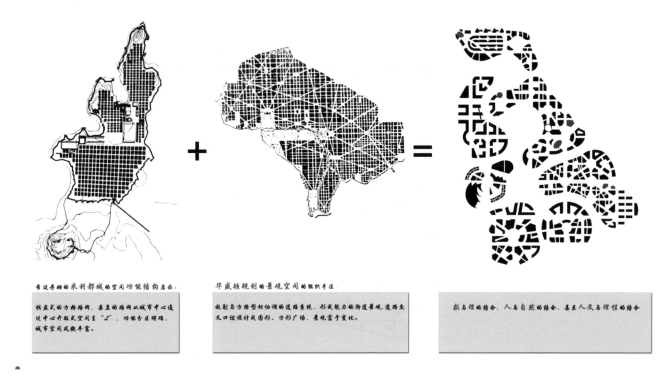

奇波丹游的米利都城的空间功能结构启示：

棋盘式的方格路网，垂直的路网从城市中心通过中心开敞式空间呈"L"，功能分区明确，城市空间风貌丰富。

华盛顿规划的景观空间的组织手法

放射与方格型相协调的道路系统，形成魅力的街道景观，道路交叉口被设计成圆形、方形广场，景观富于变化。

数与理的结合，人与自然的结合，甚至人文与理性的结合

图2-14 设计理念分析三 图片来源：作者自绘

2.4 设计规范解读
2.4.1 场地设计相关规范

场地环境是城镇大环境的有机组成部分，像生命体中的一个个鲜活的细胞，既依存于机体有着机体的共性，又具有相对个性。场地环境是城市物质空间环境的外延，如同人体不可或缺的衣饰，不仅维护躯体也烘托着主体的品位和性格，表达着和谐与差异。场地设计对城市环境、文化以及社会观念的提升有着重要意义。

1. 自然环境条件

（1）气象条件

气象条件包括日照、风象（风向、风速）、其他气象条件如气温、降水等。其中日照是确定建筑的日照标准、间距、朝向等设计的重要依据。日照在不同纬度不同地区存在差异（图2-15）。

《民用建筑设计通则》对住宅、配套公建如托儿所、幼儿园、医院、中小学等建筑主要居室获得冬日满窗日照时间做了下限值的相关规定。

相关规范参见《城市居住区规划设计规范》

建筑物日照间距：日照间距指前后两排南向房屋之间，为保证后排房屋在冬至日底层获得不低于两小时的满窗日照而保持的最小间隔距离（图2-16）。

由图可知：$\tanh = (H-H_1)/D$,

由此得日照间距应为：$D = (H-H_1)/\tanh$;

图中：h—太阳高度角；

H—前幢房屋女儿墙顶面至地面高度；

H1—后幢房屋窗台至地面高度。

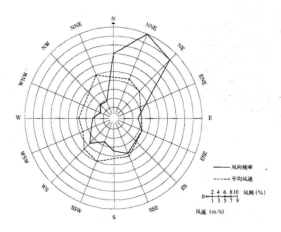

图2-15 某城市地区累计风向频率，平均风速图，俗称风玫瑰，
资料来源：李德华. 城市规划原理（第三版）. 北京：中国建筑工业出版社

（根据现行设计规范，一般 H1 取值为 0.9m，H1>0.9m 时仍按照0.9m 取值）。

《城市居住区规划设计规范》对住宅区日照做了更加详细的规定，并按建筑 气候分区和城市规模大小将日照标准分为不同档次。

（2）地形地貌

不同的地形地貌对场地的用地布局、建筑物的平面及空间组合、道路走向和线性、各项工程建设和绿化布置都有一定影响。通过地表面起伏状态（地貌）和位于表面所有固定物，并结合地形的方向、地形高层等高线进行地形地貌的认识。地形地貌与场地竖向设计密切相关，建筑的总体布局和开敞空间的布置都与其密切相关。因此规划快题设计应充分利用和结合地形地貌，尊重场地的自然条件和文化特性，追求工程的经济性和生态性，塑造因地制宜的地域空间特色（图2-17）。

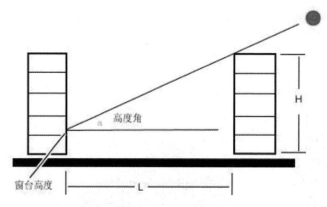

图2-16 建筑物日照建筑图示

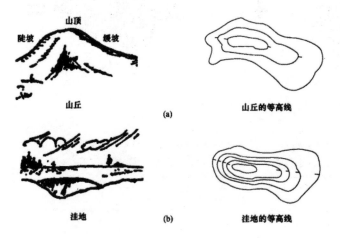

图2-17 山头与洼地的等高线表示

2.城市规划一般要求

（1）用地范围和界限

规划用地和道路或其他规划用地之间的分界线，用来划分用地的权属（图2-18、表2-8）。

（2）场地出入口

对于一般公共建筑的总平面，出入口应设在所临的干道上，并能与主题建筑出入口有比较方便的联系。有些建筑由于所处的地段限制，建设基地不能与干道相邻以及建筑物面临几个方面干道时，需要考虑人流活动的通畅性以及对人流流向进行分析。

对车流量较大的基地（包括出租车站、车场等），其通向连接城市道路得位置应符合下列规定：

① 距大中城市主干道交叉口的距离，自道路红线量起不应小于70m；

② 距非道路交叉口的过街人行道（包括引道、引桥和地铁出入口）最边缘不应小于5m；

③ 距离公共交通站台边缘距离不应小于10m；

④ 距公园、学校、儿童及残疾人等建筑的出入口不应小于20m。

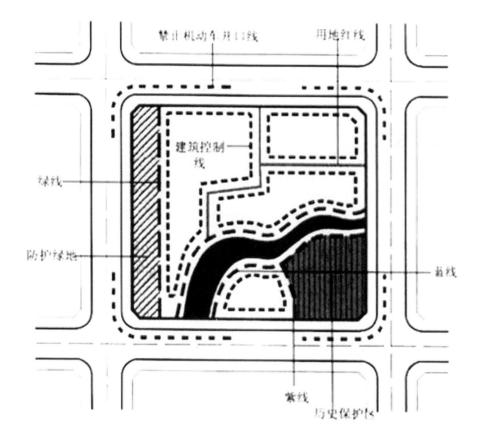

图2-18 五线示意图 图片来源：李德华.城市规划原理

用地边界划分依据
部门、单位
单一用地性质
边界与城市道路相邻
以自然边界、行政边界划分
地价级差
土地规模与性质协调
专业线划分五线

表2-8 用地边界划分依据

3. 常用场地尺度（图2-19）

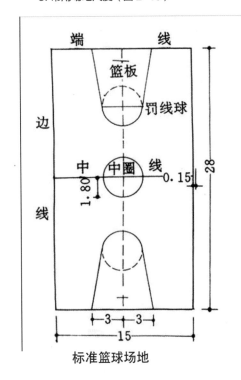

标准篮球场地

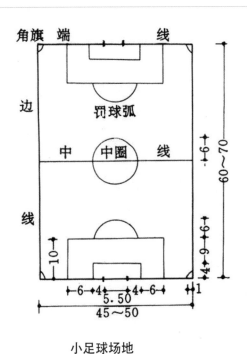

小足球场地

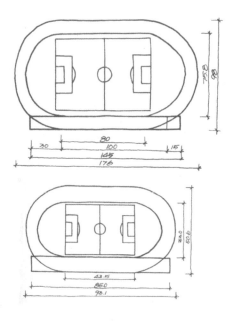

标准足球场地

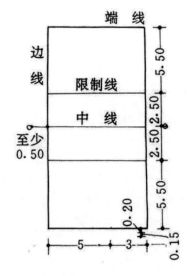

排球标准场地

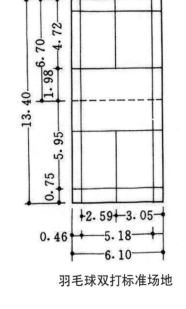

羽毛球双打标准场地

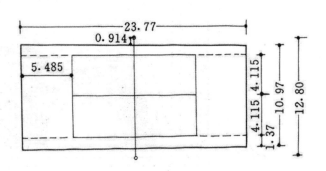

标准网球场地

图2-19 常用的几种场地

2.4.2 道路与交通设施设计规范

道路红线：城市道路系统规定确定的道路红线是道路用地和两侧建筑用地的分界（图2-20）。一般情况下，道路红线就是建筑红线。城市在主要干道道路红线的外侧，另行划定建筑红线，使道路上部空间向两侧延伸，显得道路更加开阔。某些公共建筑和住宅建筑适当退后布置，留出地方，有利于人流或车流的集散，也可以进行绿化、美化环境。

（1）道路断面类型（图2-21）。

（2）城市道路等级（表2-9）。

（3）回车场形式及尺寸（图2-22）。

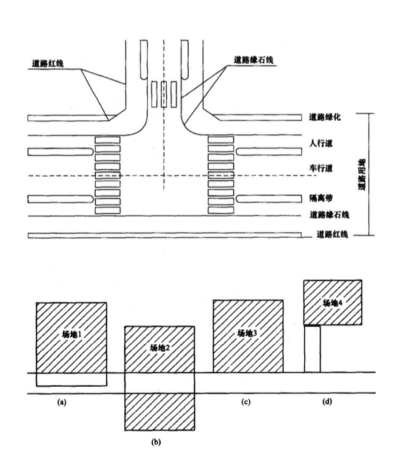

图2-20 道路红线与用地界线关系

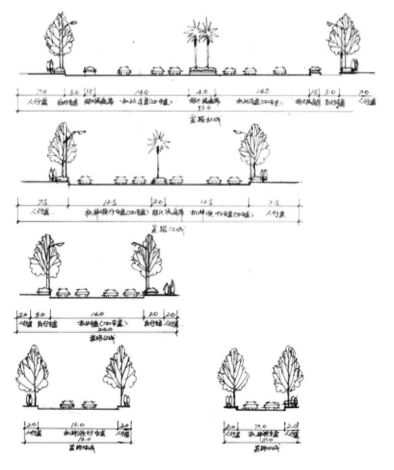

图2-21 道路断面类型

道路等级 / 禁止开口线 道路等级	交通性干道	主干道 ≥35m	次干道 30-20m	支路 16-12m	非城市通路 <16m	机动车停车场出入口
交通性干道	≥100m	≥60m / ≥100m	≥40m / ≥100m	≥20m / ≥100m	✕	≥60m
主干道 ≥35	≥100m / ≥60m	≥60m	≥40m / ≥60m	≥20m / ≥60m	✕	≥50m
次干道 30-20	≥100m / ≥40m	≥60m / ≥40m	≥40m	≥20m / ≥40m	≥20m / ≥40m	≥40m
支路 16-12	≥40m / ≥20m	≥60m / ≥20m	≥40m / ≥20m	≥20m	≥20m	≥20m
非城市通路 <16	✕	✕	≥40m / ≥20m	≥20m	≥20m	≥20m

表2-9 城市道路等级

（4）紧急消防交通需求

在快题表达中，紧急消防交通既可以通过机动车道路解决，也可以通过硬质开敞空间解决，但应在分析图上明确的表达出来。

注：停车位布置应距离交叉口大于45m，注意人车分流

停车位的表达只要满足需求，应做到地上停车和地下停车相结合，地上停车可以以路边停车和小型地面停车场为主；地下车库结合高层人防空间和小区中心绿地布置（图2-23）。

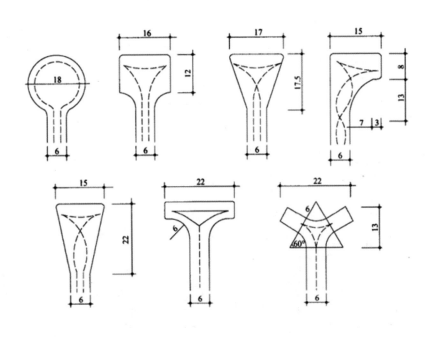

图2-22 各类回车场形式及尺寸

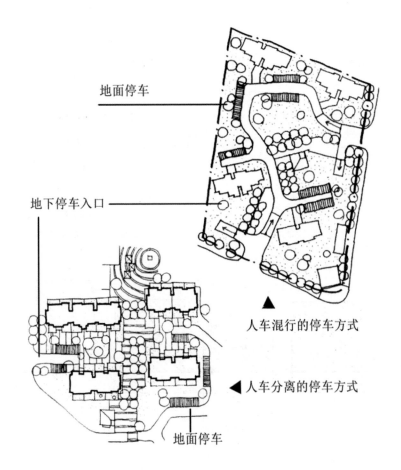

图2-23 停车场形式不同适应性的停车形式表达

2.4.3 建筑功能布局相关规范

1. 建筑形体的快题表达

城市规划快题中常涉及到的建筑类型可以归纳为：居住建筑、商业建筑、办公建筑、文化建筑、体育建筑等，熟悉以下各类型平面可对规划快题建筑空间尺度、形态提升一定了解（图2-24,图2-25）。

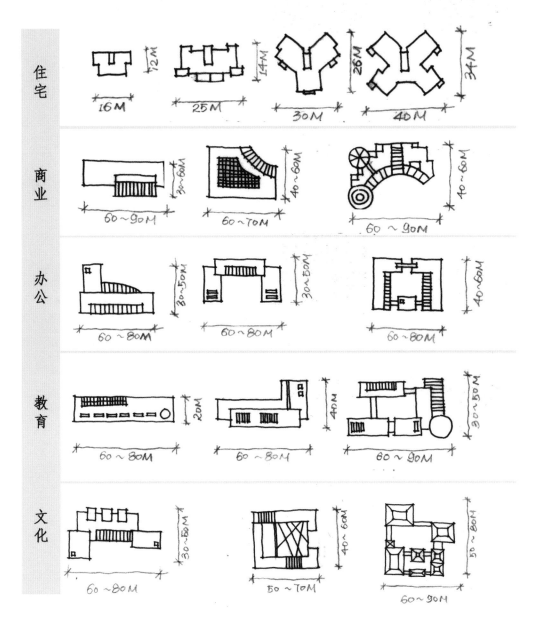

图2-24 各类型建筑空间形态及尺度表达

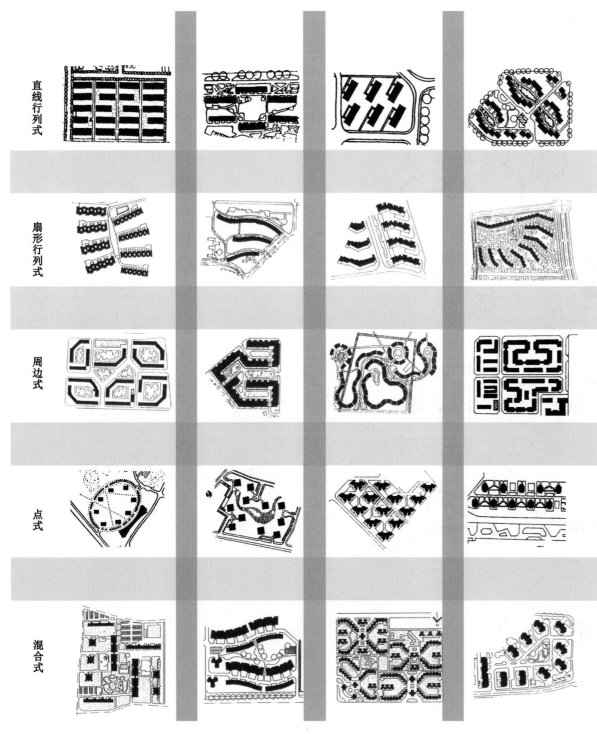

直线行列式

扇形行列式

周边式

点式

混合式

图2-25 各类型建筑空间组合形式

2. 建筑形态与尺度

① 住宅（图2-26）。

② 配套公建（会所、幼儿园、小学、社区活动中心）。

③ 社会公共建筑（办公类、酒店类、商业类、文化体育场馆类）（图2-27）。

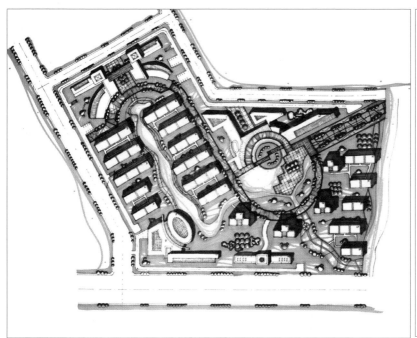

图2-26某居住空间建筑形态与尺度关系　图片来源：杨珂

图2-27某典型公共空间建筑形态与空间尺度关系　图片来源：葛久阳

3 影响建筑布局的主要因素分析

（1）功能分区

不同功能的建筑布局形式不同，组合方式呈现多样化，一般商业功能建筑空间布局以聚集人气和疏散人流为空间划分依据，具有开放性和内聚性空间特色；一般居住功能建筑空间以围合式建筑组合形式偏多，满足居住空间的邻里交往和安全的心理学要求（图2-28）。

（2）建筑朝向与间距

对于居住空间，住宅建筑的朝向以及建筑日照间距在城市规划快题快速表达中要突出两点。首先，在参照一般日照间距系数基础上要体现南北方地区差异；其次，在人眼目测尺度对应真实尺度基本无太大偏差的基础

上，要在平面快速表达中体现不同层高建筑空间的日照间距差异，同时可以在色彩表达中，通过阴影关系呈现差异。

在一般商业空间及行政文化娱乐建筑空间设计中，建筑朝向更多以人流方向，建筑形象、景观效果为更多考虑，同时考虑与周边功能要素及环境要素的呼应，如行政建筑与城市文化地形的对应、文化建筑与周边自然资源的空间共享性考虑等。该类建筑的建筑间距下限一般以安全消防建筑为准，常记数据为13m、9m、6m。具体参加相关建筑消防规范。此外，对于大型公共建筑（商业、文化、娱乐），要考虑环形消防交通需求。当然对于有特殊功能景观需求的建筑空间，相关尺度可以根据场地尺度和建筑高度等相关因素综合考虑。

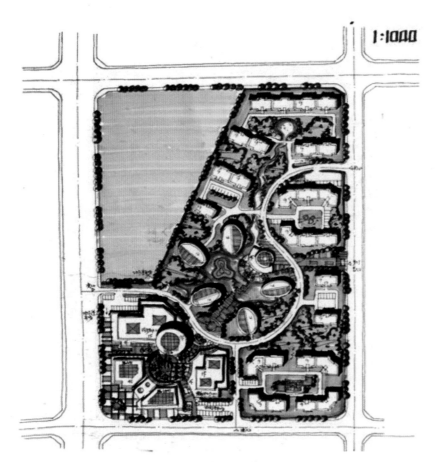

图2-28 不同功能布局下建筑空间形态特色 图片来源：周阳月

2.5 设计方案落实

2.5.1 区域整体地位

规划场地并不是独立存在的,而是具备环境和区位要素的空间群体中的一员。规划设计中需要考虑场地在区域中的地位和作用,并通过设计手法,进一步凸显它的区域价值。如城市中心设计中,除了要根据周边地块功能决定场地内功能布局外,还要考虑人流在场地内外的流动规律,在公园附近组织商业区出入口,可以为商业区吸引更多的人流,同时也为购物者提供休息、游憩的多功能场所(图2-29)。

2.5.2 功能空间布局

城市规划快题考试中的设定的功能内容大多不是单一的,不同的题目中的功能内容亦不相同,因此,如何处理好这些功能之间的主次关系、位置布局、相关联系是快题设计需要解决的首要问题,考生需要通过功能布局组织出合理的空间结构,这是快题设计的主要难点。

以城市中心区规划为例,城市中心的功能往往是多种的、混合的,有商业功能也有文化功能,这些功能之间相互依存又相互干扰,考生需要通过合理的空间布局,既保证两种功能相互协调吸引更多的人流,又避免"动"、"静"功能之间的相互干扰,形成流动穿插又各自独立的空间体系(图2-30)。

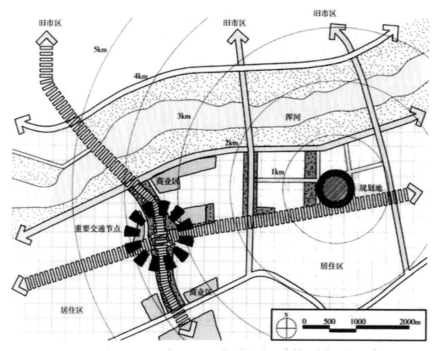

图2-29 区位分析图 图片来源:王笑梦.住区规划模式.清华大学出版社

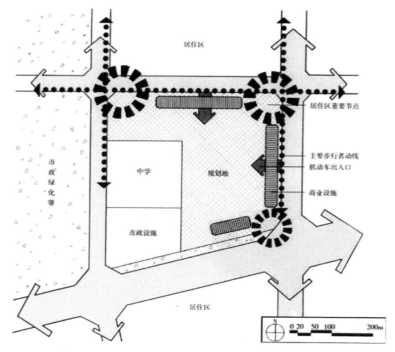

图 2-5-2 广域分析图 图片来源:王笑梦,《住区规划模式》,清华大学出版社

图2-30 功能分析图 图片来源:王笑梦.住区规划模式.清华大学出版社

2.5.3 道路交通组织

城市规划快题设计的考察重点之一是道路交通的组织，道路结构决定方案的整体空间结构。快题考试中的道路交通组织包括区外交通与区内交通衔接和区内交通组织两个部分，需要在保证城市交通顺畅的前提下综合考虑不同功能分区的交通问题，解决的问题包括选择各个出入口位置、做好人车分流、解决静态交通等（图2-31）。

2.5.4 开放空间构成

前面已经提到，快题考试中的地块并不是独立存在的，而是城市公共空间的一部分，因此一定要强调开放空间的对外衔接和对内组织。对外通过一定的规划手段与城市开放空间体系、周边城市空间特别是自然环境空间取得联系；对内应当加强各个功能组团之间的开敞空间串联，结合景观环境设计，形成完整、体系化的开放空间系统。

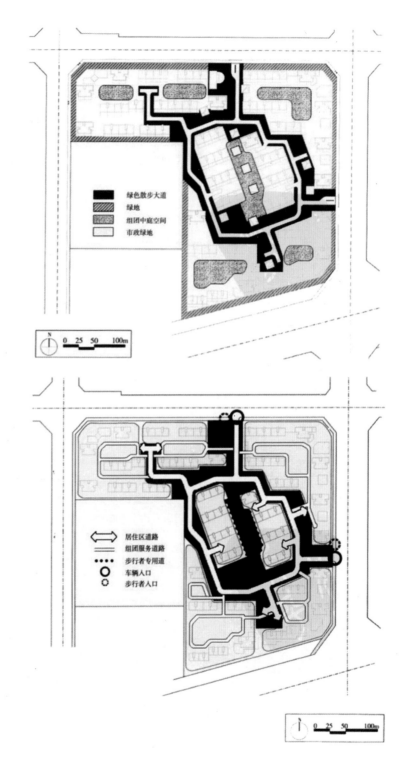

图2-31 道路交通结构及景观空间结构图　图片来源：王笑梦.住区规划模式.清华大学出版社

2.5.5 建筑群体组合

建筑群体是规划设计中的最小空间单元，是将若干建筑单体通过一定组织手法形成的建筑组团。建筑群体组织的形式较多，如轴线式、中心放射式、圈层式、组团集中式等在相应章节有详细介绍（图2-32）。

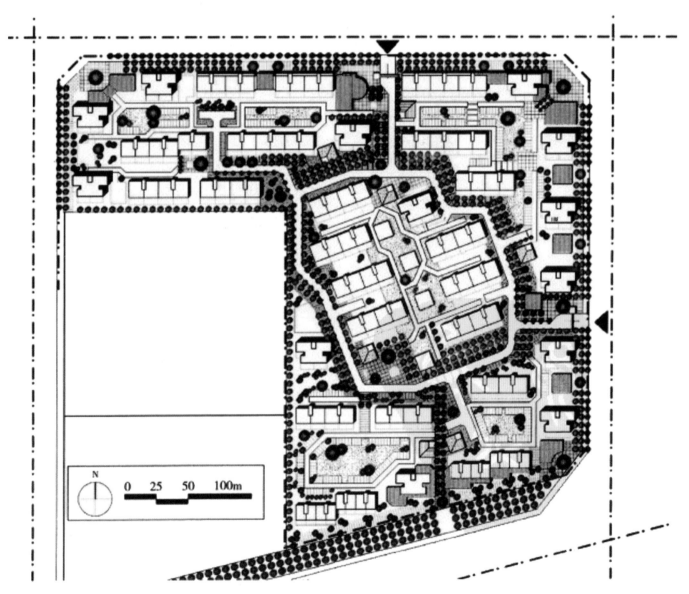

图2-32 规划设计总平面图 图片来源：王笑梦.住区规划模式.清华大学出版社

2.6 表现技法培养

2.6.1 工具准备

快题考试需要用到的工具包括图板、正式图纸、草图纸、铅笔、钢笔以及一些辅助工具，工具是否得心应手会影响到考生考试发挥，因此在备考阶段应该就需要用到的工具进行归纳整理，考前仔细检查工具是否准备好，以便从容应战（图 2-33）。

1. 绘图笔

（1）铅笔：常备型号包括 2H、HB、2B 几种。草图阶段可根据个人喜好选笔，但正图打稿最好使用 2H 型号的铅笔，较易清理。在考前将笔削好，节省考场时间。

（2）墨线笔：墨线笔可以是钢笔、针管笔或出水流畅的中性笔，考生应根据个人线条风格选择合适的墨线笔。笔头细度可以在 0.15~0.5mm 之中根据个人风格选择。线条粗狂的考生可以选择笔头稍粗的笔上墨线，线条精细的可以选择细头笔上双墨线，更显画面精致成熟。

（3）马克笔：马克笔是规划快题设计中最常使用的色彩表现工具，干的很快，颜色不会扩散，图纸效果好。马克笔的选色在考前实战练习中应根据个人喜好预先选好，带上考场的马克笔控制在 20 支左右，使用起来方便应手。同时，还应提前准备好色系卡，将同一色系的马克笔色彩排列在一起，方便查找型号。根据个人习惯也可以选择彩铅或水彩着色，但应准备好相应的配套工具，如卷笔刀、水彩笔、水桶等。

2. 绘图纸：图纸一般由组织考试的学校和用人单位提供，如需自备，应先明确考试是否有限定纸张类型再酌情准备，如无特别要求可根据个人喜好准备三张以上的正式图纸，可以是 A1 的绘图纸、硫酸纸或牛皮纸。同时还需准备若干草图纸或硫酸纸，便于草图阶段使用。自己带的图纸可以事先裁好，装订在图板上，打好图框，也可以用铅笔画好一些方格，把考场上能省的时间省下来。

3. 辅助工具：其他需要准备的工具：计算器，橡皮、小刀、胶带（双面胶或透明胶）、40cm 三角板（一套）、80cm 的丁字尺、小圆模版、圆规等。

2.6.2 快题设计的卷面表现技巧

快题设计的表现技法主要分为二维平面表现、三维立体表现和色彩表现三部分。其中，二维平面表现应用在总平面图和分析图的线条绘制阶段是为了清晰、准确地表现方案构思和设计内容（图 2-34）；三维立体表现应用在鸟瞰图和局部透视图等效果图的线条绘制阶段，功能是将二维平面转换为三维立体表现图，更直观地反映方案的空间效果；色彩表现在二维和三维线条表现之后，用以增加画面的立体感和表现力（图 2-36）。

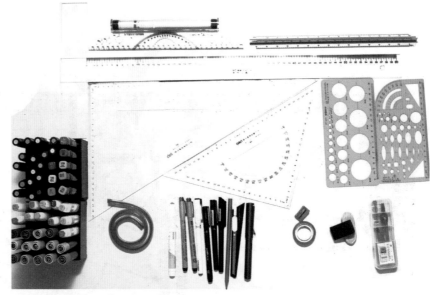

图2-33 临考前基本绘图工具汇总（仅供参考）

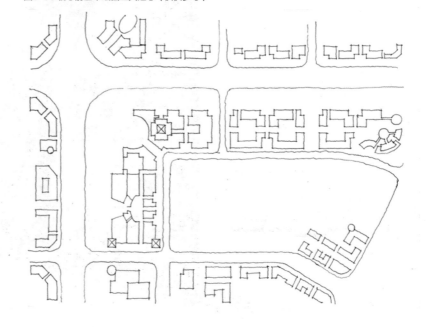

图 2-34 二维绘制某居住区规划设计 图片来源：张光辉

2.6.3 二维平面表现

1. 线条风格

快题考试考察的是考生多年来积累的徒手表现功底，流畅有型的线条是手绘功底的体现，能给评卷员留下深刻的印象。铅笔底稿阶段建议考生在大尺度空间组合层面，合理运用尺规辅助设计，能使画面构图更均衡合理。但在钢笔墨线阶段不要使用尺规作图，而要大胆展现手绘线条，赋予画面更强的草图感和表现力。

2. 建筑表现

规划快题不要求建筑细部设计，因此建筑多以体块的形式表现，为避免图面单调、空洞，建议所有建筑外轮廓线均使用单线，加强建筑形体表现力。同时，建议考生熟练掌握几种常用的建筑形态。如玻璃天窗、出挑阳台、独立屋顶、连廊等，丰富图面（图2-37，2-38）。

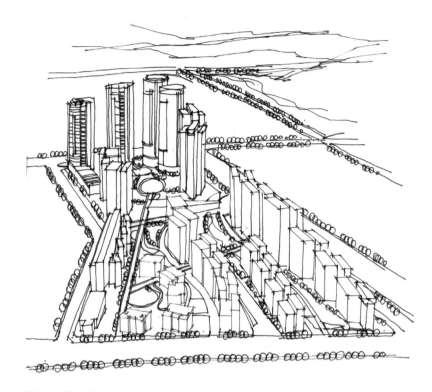

图2-37 线条风格表现

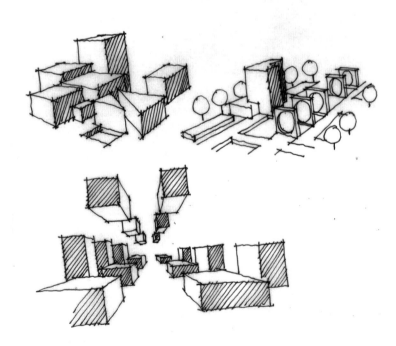

图2-36 徒手线条表现空间结构

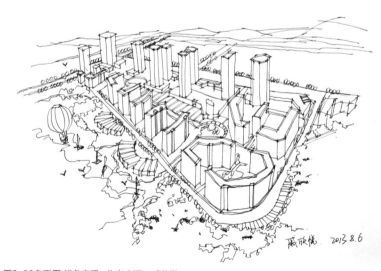

图2-38鸟瞰图 线条表现　作者来源：戚欣悦

3. 景观表现

常见的景观包括水面、草地、栈道、树木、山体等，应当通过熟练的表现手法丰富景观空间环境的多样性。水面画双线——岸线和水波纹，表现水流的生动性；木栈道通过画水平线来表示木板的肌理；山体通过等高线表达地形的走向和山体的高度。树木分为行道树、景观树和树丛三种，不同作用的树在表现上应该有所区分。行道树可以由整齐排放、大小相同的单株树组成，注意"三五成群"，以组为单位排列；景观树在重要区域如轴线、中心广场周围排布，刻画相对细致；树丛运用在大面积公共绿地或丛林中，成团成组，采用园林的画法（图2-39）。

4. 铺地表现

常见的铺地纹理包括方格、平行线、斜线等，在复杂的硬质广场表现中，可以考虑几种铺地纹理的组合使用，并辅以不同的色彩搭配，用于区分场地中多样的功能区块和人流走向，不同尺度的纹理同样可以起到划分场地的作用（图2-40)。

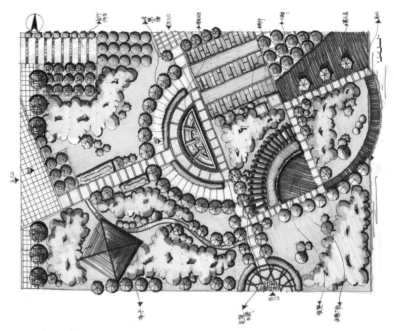

图 2-39 景观表现示意图

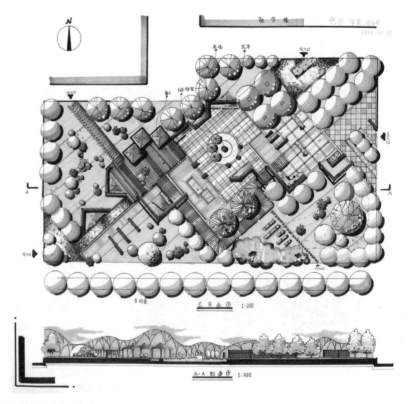

图 2-40 铺地表现示意图

5. 阴影表现

阴影表现是总平面图空间立体感的重要手段。为兼顾朝向合理性与图面美感，总平面图中的阴影投放的角度一般选择南偏东 15°或南偏西 15°。在阴影表现上，应注意阴影长度与建筑物的高度需成比例，高层楼房的阴影应该覆盖在底层裙房之上（图2-41）。

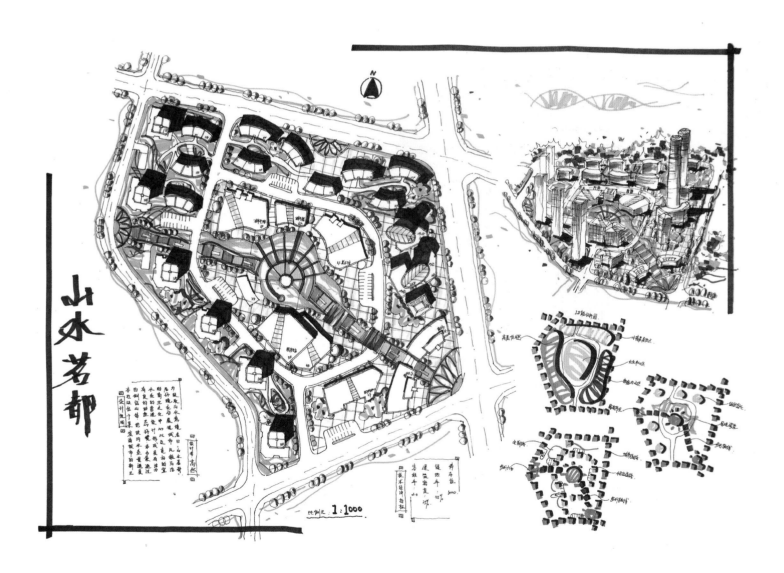

图2-41 某居住空间平面色彩与铺装表现　作者：高然绘制

6. 分析图表现

　　分析图通常由 3~4 张单项分析图组成，要注意分析图之间成组成套，统一底图的形式和内容，包括用地范围、道路交通、图例和指北针等。分析图的表达要求简明清晰，用图示化的语言直观介绍方案的结构特征和构思理念，考生需熟练掌握结构图表达中集中常见的图解元素（图 2-42，2-43）。

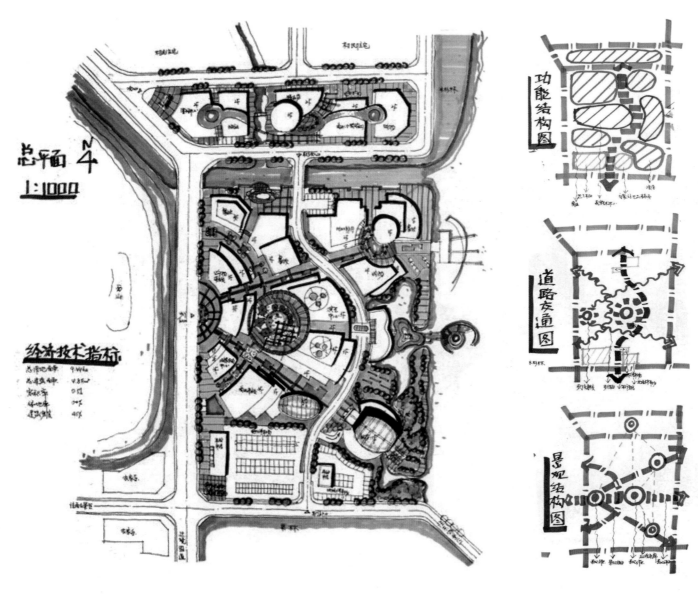

图2-42某商业中心方案平面图

图2-43该方案平面功能结构、道路交通、景观结构分析图

2.6.4 三维立体表现

1. 鸟瞰图

视点高于景物的透视图称为鸟瞰图，鸟瞰图能够清晰直观地展现方案的三维空间关系，是城市规划中必不可少的空间表现手段。城市规划设计工作中常用到的鸟瞰图不仅包括视点在有限远处的中心投影透视图，还包括两点透视、三点透视和平行投影产生的轴测图。由于快题考试的时间限制，建议考生选择两点透视或轴测图的表现形式，既清晰直观又节约时间。

首先将用地边界、道路、主要场地、轴线和节点根据透视原理用尺子画出来，再将建筑基底抽象的长方形画在相应的空间位置上，根据建筑层数估算建筑高度，拉出建筑的简化轮廓，在此基础上详细刻画建筑形态和细部特征。需要注意的是，建筑的垂直轮廓线应该和纸张的竖边线相平行。

在进行建筑和场地细部刻画时，要注意"抓大放小"、"抓近放远"。透视图在深入刻画时要有重点，既将时间和精力放在近景刻画上，远处的建筑和景观可以只保留基本形体。除此之外着重刻画入口空间、轴线、节点，旨在通过效果图清晰反映方案的空间组织关系。

鸟瞰图步骤演示：

基地网格绘制法
首先，把基地进行网格等分，若时间充裕，可对网格进行细分。

第二步：用固定的角度绘制成角透视，然后，将建筑平面基地对应第一步绘制网格位置。

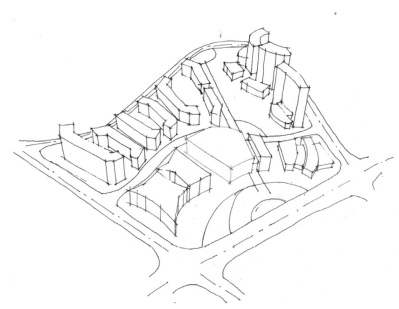

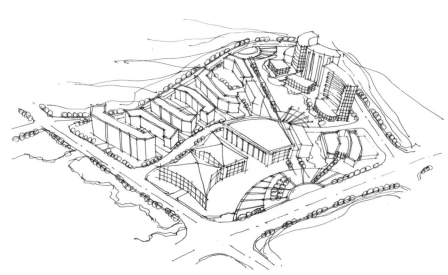

第三步：绘制基地主要道路、中心景观轴线及水体，区分功能板块。

第四步：绘制近处主要建筑细节及大体铺装样式，采用行道树
强化整体空间透视、使道路、景观等空间要素更加清晰。

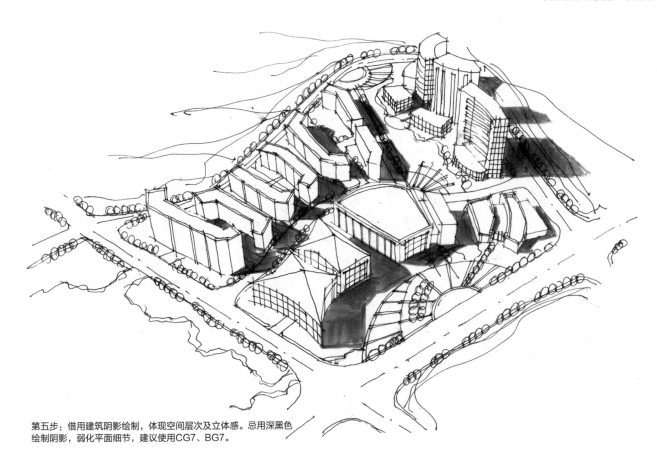

第五步：借用建筑阴影绘制，体现空间层次及立体感。忌用深黑色
绘制阴影，弱化平面细节，建议使用CG7、BG7。

2. 局部效果图

在快题考试中局部效果图的运用往往有"事半功倍"的作用，因为考题中需要我们深化表现的三维空间节点多以公共中心节点、入口空间、建筑组团单元这几种形式出现，为考生在考前有针对性地准备提供了机会。因此，考生在考试前应熟练掌握几种常见的局部效果图和对应的平面方案，以便在考试中灵活运用（图2-45，2-46）。

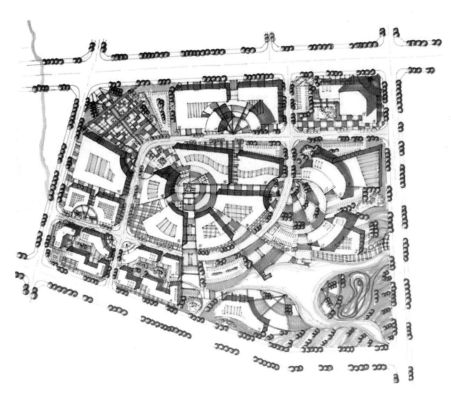

图2-45 某优秀规划平面方案色彩搭配

图2-46某商业中心局部效果哦图 图片来源：龚子逸

2.6.5 色彩表现

1. 色彩搭配

快题考试中，对卷面整体效果有较高要求，和谐而又主次分明的色彩搭配容易赢得阅卷老师的青睐。好的色彩搭配在色相上应属于同一色系。在平面图的表现上，大面积的用色，如草地、铺装、河流等应选择灰色调或明度较低的颜色，让底图"沉下去"，旨在局部点缀并以饱和度较高的色彩起到"画龙点睛"的效果。建筑是方案的主体，应适当留白，以突出建筑组合空间结构。在分析图的表现上可以使用色调明亮、对比度强的"标记色"，以求一目了然（图2-47）。

图 2-47 鸟瞰图颜色表现欣赏　作者来源：王成虎

2. 上色步骤

上色顺序应遵循"先浅色后深色"和"先整体后局部"的原则，既先为草地、广场、水系等大面积场地上底色，再深化建筑细部、道路铺装和植被树木，最后上阴影。

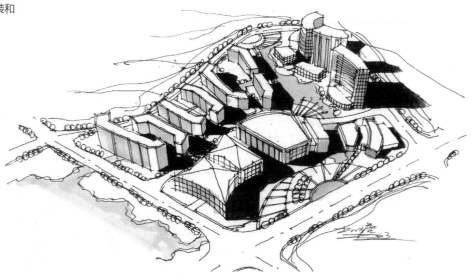

第一步：首先，区分空间要素，用touch185整体对水面进行铺色，再用三福210画出建筑受光面，用mycolor77画出建筑背光面。

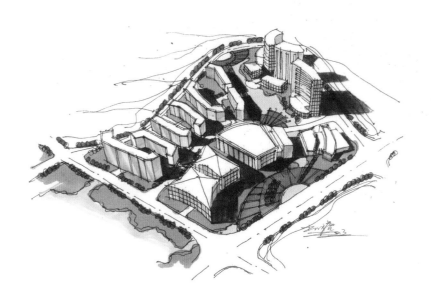

第二步：用touch97强化中心轴线，再用touch47、43对绿地景观进行铺色，对靠近光源侧用笔较轻，可适当出现笔触感。

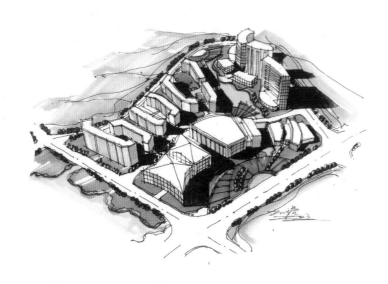

第三步：借用近暖远冷的手法，对远处植物、绿地用mycolor152进行铺色，调整画面关系，突出视觉中心点。

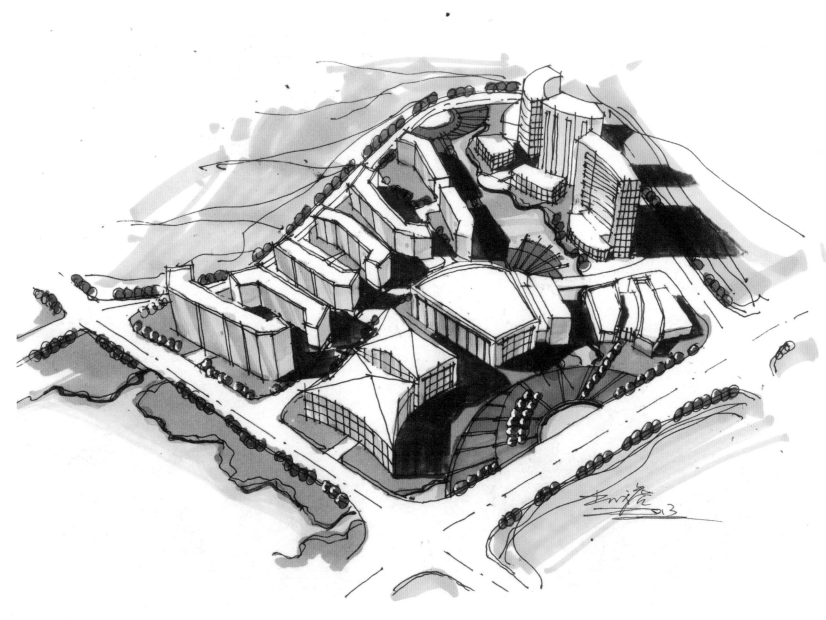

鸟瞰图上色表现　作品来源：王成虎

第三章　城市规划快题设计基本素材

3.1 建筑单体

1. 居住建筑（图3-1，图3-2）

（1）住宅建筑（独栋、低层、多层、小高层、高层等）。

（2）配套建筑（底商、会所、幼儿园、老年人活动中心、小学等）。

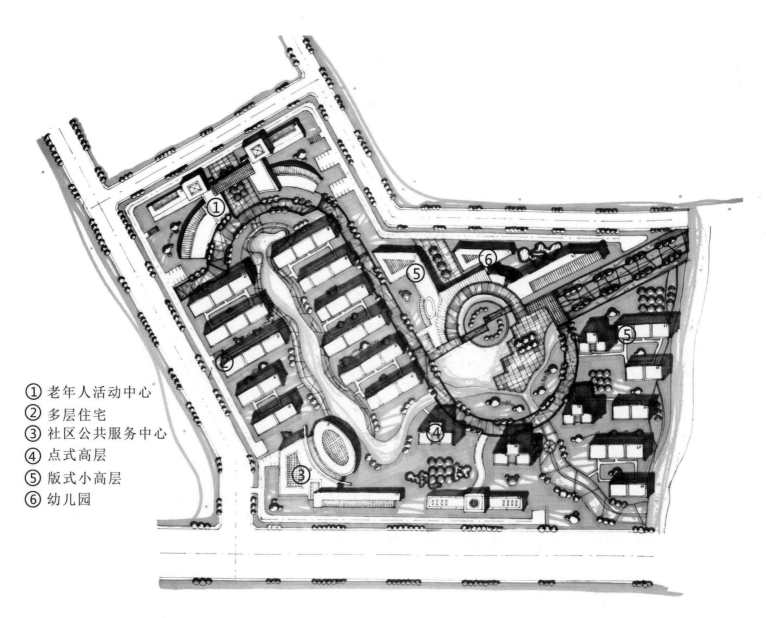

① 老年人活动中心
② 多层住宅
③ 社区公共服务中心
④ 点式高层
⑤ 版式小高层
⑥ 幼儿园

图3-1 某现代城市混合住区平面图示意 图片来源：杨珂临摹

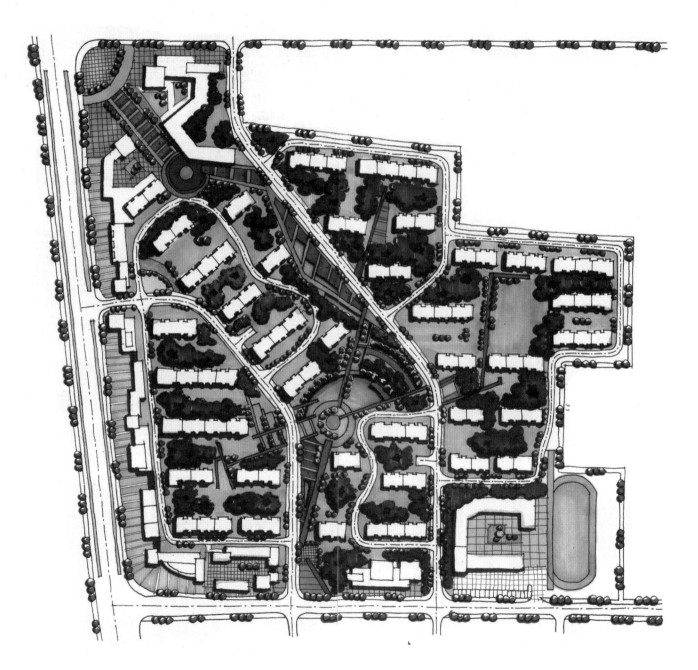

图 3-2 某高层纯住区平面图示意 图片来源：陈彤彤改绘

2. 中心区建筑（图3-3）

（1）商业建筑（大型购物中心、商业步行街、酒店、商业综合体、市场等）

（2）办公建筑（企业办公、行政办公、SOHO办公、商办混合）

（3）文化建筑（会展中心、图书馆、博物馆、艺术画廊、影剧院等）

3. 科研园区建筑

（1）生活建筑

（2）研发生产型建筑

（3）文体建筑

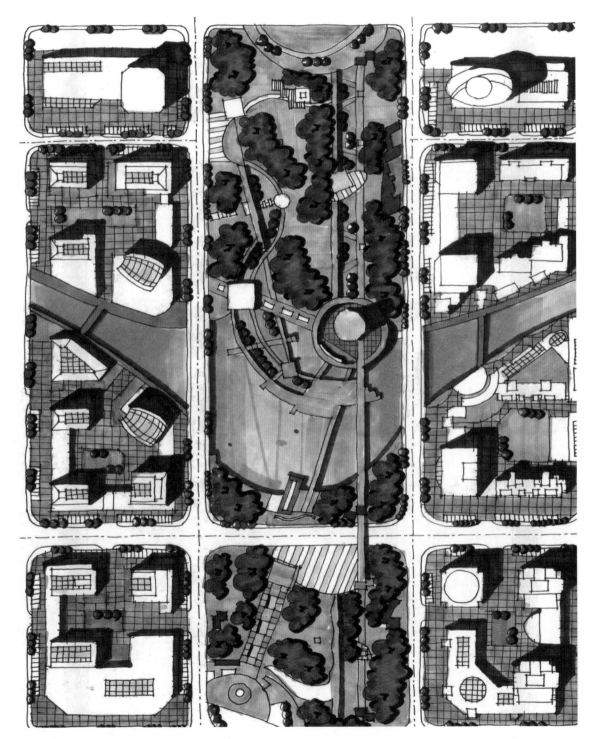

图 3-3 某商业中心平面图　　　作品来源：陈彤彤改绘

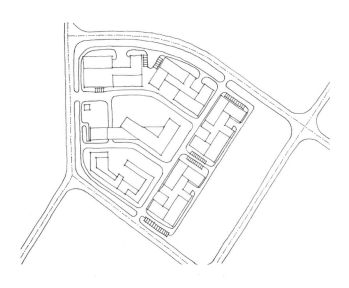

图 3-4 某产业园平面图

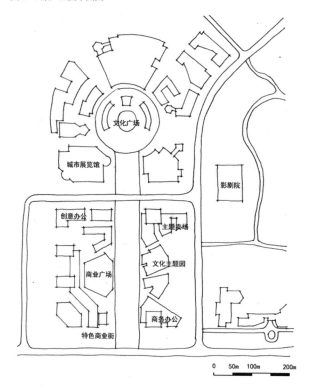

图 3-5 文化中心建筑形态

3.2 交通系统

1. 城市交通

（1）主干道：可分为交通性干道和生活型干道，以解决横向与纵向交通为主，提高可达性。

（2）次干道：与主干道衔接，以解决区内交通为主。

（3）支路：连接区内组团道路。

2. 区内交通

分为小区级道路、组团级道路、宅前路。

3. 人行交通

分为居住空间硬质景观步行交通、滨水步行交通、组团绿化游园步行空间，共同构成区内步行交通系统。

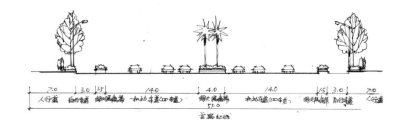

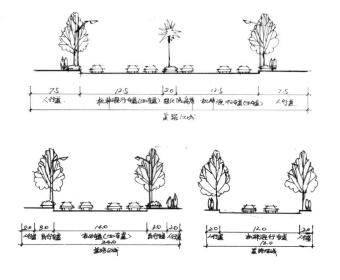

图3-6 不同形式的道路断面形式

3.3 景观环境

3.3.1 庭院

建筑物（包括亭、台、楼、榭）前后左右或被建筑物包围的场地通称为庭或庭院。即一个建筑的所有附属场地、植被等。

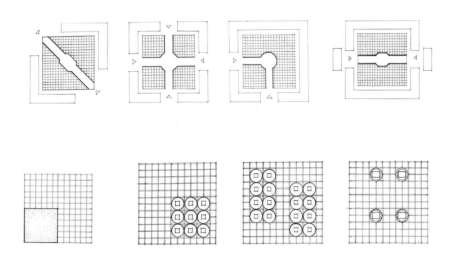

图 3-7 庭院空间表现素材

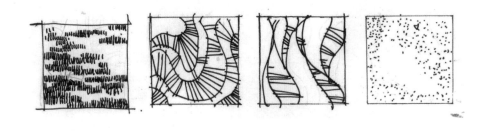

图 3-8 绿化空间表现素材

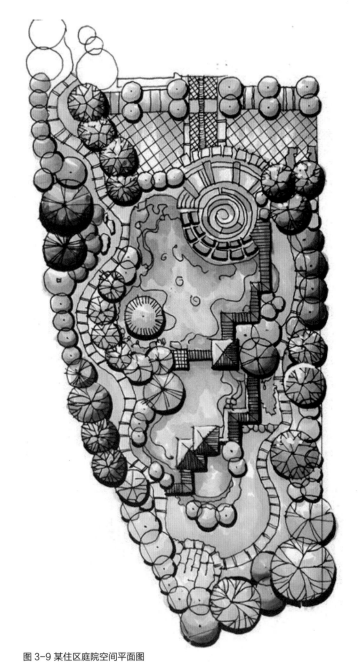

图 3-9 某住区庭院空间平面图

3.3.2 广场

广场是指面积广阔的场地，特指城市中的广阔场地。是城市道路枢纽，是城市中人们进行政治、经济、文化等社会活动或交通活动的空间，通常是大量人流、车流集散的场所。在广场中或其周围一般布置着重要建筑物，往往能集中表现城市的艺术面貌和特点。在城市中广场数量不多，所占面积不大，但它的地位和作用很重要，是城市规划布局的重点之一。

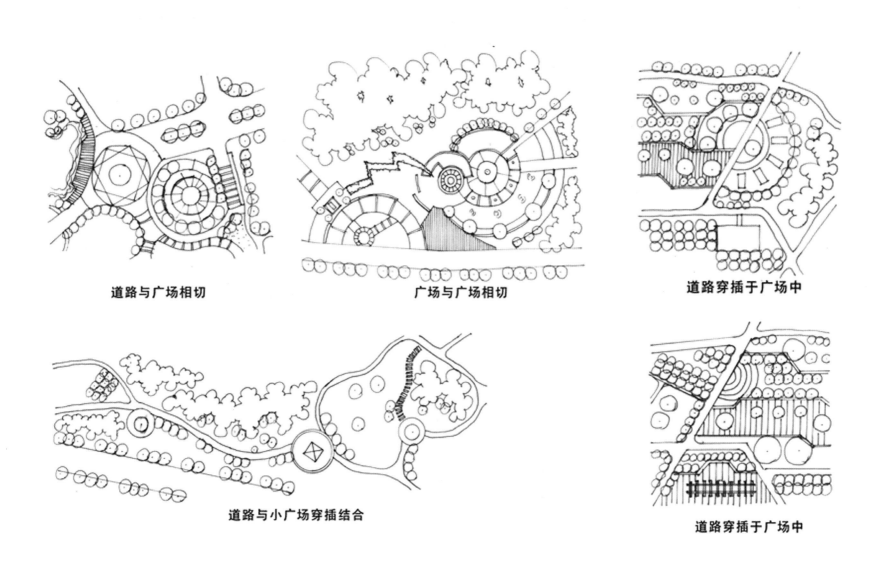

道路与广场相切　　　　　　　广场与广场相切　　　　　　　道路穿插于广场中

道路与小广场穿插结合　　　　　　　　　　　道路穿插于广场中

图 3-10 城市广场空间构成1　作品来源：王成虎

图 3-11 城市广场空间构成2　作品来源：王成虎 绘制

3.3.3 水体

　　水体是水汇集的场所，水体又称水域。在城市规划设计中更多起着美化环境和水流疏导的作用。

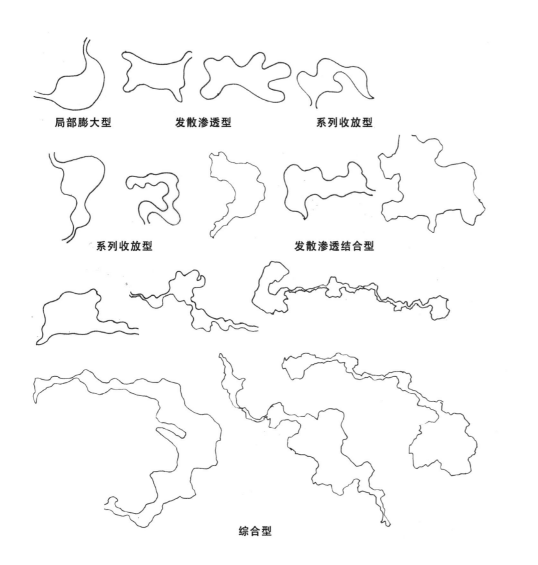

局部膨大型　　　发散渗透型　　　系列收放型

系列收放型　　　　　发散渗透结合型

综合型

图 3-12 水体表现形式

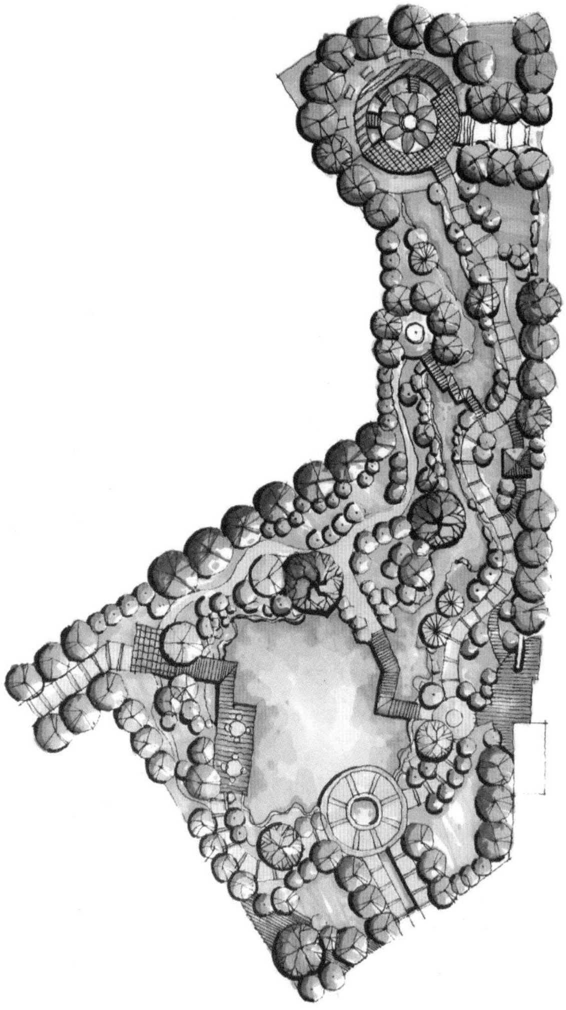

图 3-13 某庭院空间水体布局

3.4 空间的划分与组合

建筑群体环境的控制引导，即是对由建筑实体围合成的城市空间环境及其周边其他环境要求提出控制引导原则，一般通过规定建筑组群空间组合形式、开敞空间的长宽比、街道空间的高宽比和建筑轮廓线示意等达到控制城市空间环境的空间特征为目的。

参考资料：控制性详细规划. 城市规划资料集（第四分册）. 北京：中国建筑工业出版社，P18

城市建筑群体整体空间形态可以分为封闭空间形态、半封闭空间形态和全开放空间形态。不同的建筑空间组合，给人不同的空间感受。根据不同的情况和要求，建筑空间组合采用不同的形式，形成公共或私密的空间形态。

3.4.1 空间的结构划分（图3-14，3-15）

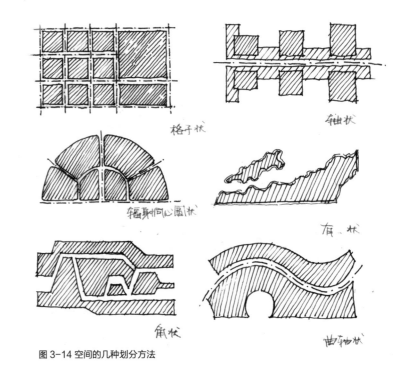

图 3-14 空间的几种划分方法

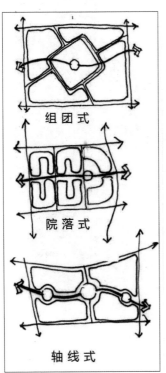

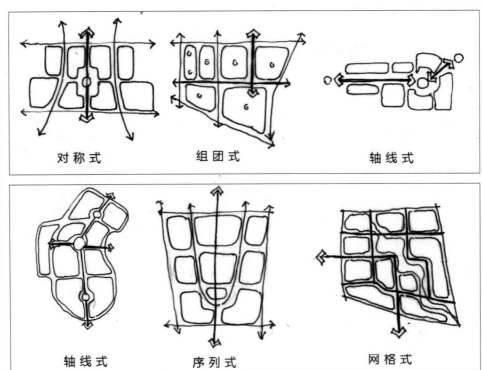

图 3-15 空间的几种组合形式

3.4.2 功能区板块的落实

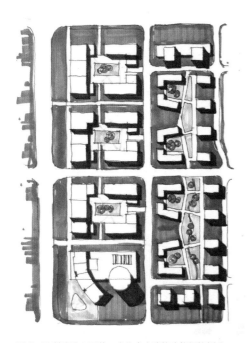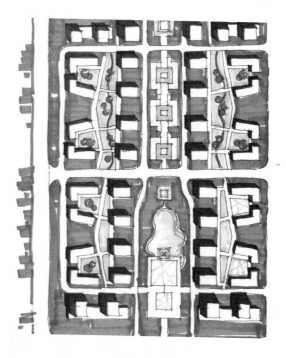

图 3-16 某商业、居住、文化中心建筑功能板块划分

3.4.3 建筑形体的形态组合

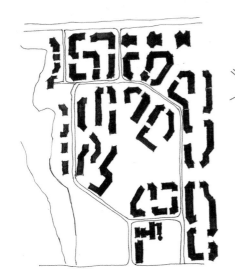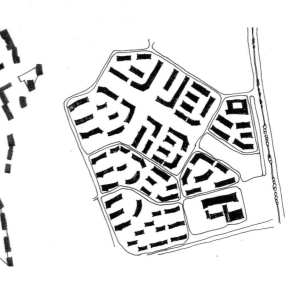

图 3-17 某商业、居住、文化中心建筑空间形态组合

3.5 平面方案与鸟瞰图对应的能力
案例一 居住区方案设计效果表现

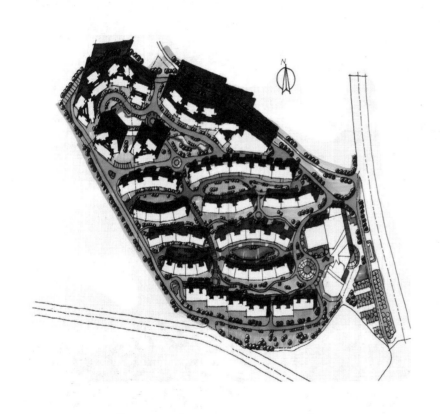

作品来源：陈彤彤改绘

作品来源：王成虎 李国涛

案例二 某中心区方案设计效果表现

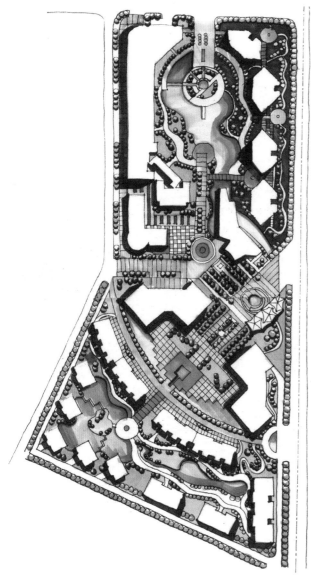

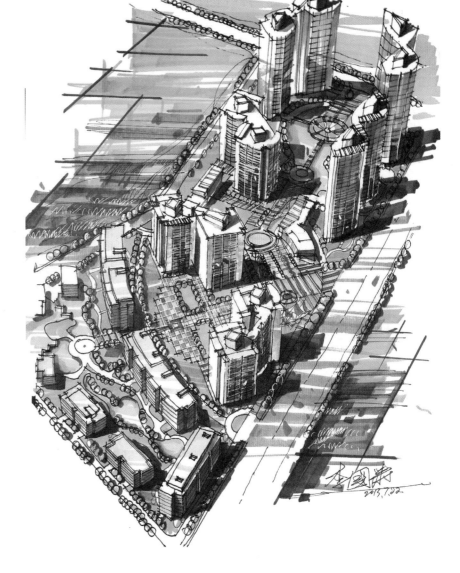

作品来源：陈彤彤改绘

作品来源：王成虎 李国涛

案例三 某中心区方案设计效果表现

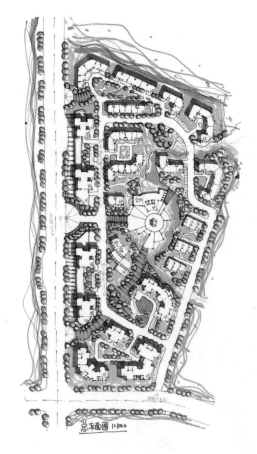

作品来源：王克刚

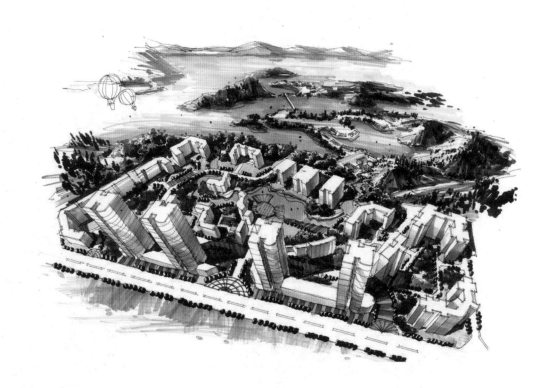

作品来源：王成虎

第四章　居住区规划快题设计

4.1 居住区规划设计概论

4.1.1 居住区发展历程

人类居住形式的演变与城市发展相生相伴，在城市发展变迁中住宅与城市其他功能间经历了混合、独立分离再到现代的商住混合和纯化型居住形式并存的阶段（表4-1）。

我们一般将"城市居住区"简称为居住区，泛指不同居住人口规模的居住生活聚居地，或特指被城市干道或自然分界线所围合，配建有一整套较完善的、能满足该区居民物质与文化生活所需的公共服务设施的居住生活聚居地。

4.1.2 居住区分类标准

《城市居住区规划设计规范》规定：居住区按居住户数或人口规模可分为居住区、居住小区和组团三级标准。

表4-1 中国住区的发展历程

发展阶段	体制背景	阶段特征	发展状况
1949～1970 年代末	计划经济体制	探索	权力高度集中，社区带有明显的单位属性，住区规划也是囿于高度行政化的理念，从某种意义上来说，这段时期城市规划中没有完整意义上的社区规划
1970 年代末～1988 年	计划经济逐步向市场经济过渡时期	试点	市场力量开始渗透到社会的各方面，包括城市住房制度的改革、服务业的迅速发展等。对社区的发展而言，市场力量成为政府力量之外的新生力量介入社区，居民对居住需求呈现选择性（房源选择、社区服务选择）
1988 年～1998 年	市场经济	全面推进、深化改革	单位制度依然赞主导，伴随改革，市场力量开始渗透到社会的各方面，包括城市住房制度的改革、服务业的迅速发展等。对社区的发展而言，市场力量成为政府力量之外的新生力量介入社区，居民对居住地的选择不再拘泥于单位福利分房的有限范围对社区的服务有了一定程度的选择性
1998 年至今	市场经济	住房货币化和保障制度	宣布从同年下半年开始全面停止住房实物分配，实行住房分配货币化，首次提出建立和完善以经济适用住房为主的多层次城镇住房供应体系

表4-2 居住区用地平衡控制指标（%）

居住区用地平衡控制指标 (%)			
用地构成	居住区	小区	组团
1. 住宅用地 (R01)	45～60	55～65	60～75
2. 公建用地 (R02)	20～32	18～27	6～18
3. 道路用地 (R03)	8～15	7～13	5～12
4. 公共绿地 (R04)	7.5～15	5～12	3～8
居住区用地 (R)	100	100	100

表4-3 居住区分级控制规模

居住区分级控制规模			
居住区	小区	组团	——
户数（户）	10000～15000	2000～4000	300～700
人口（人）	30000～50000	7000～15000	1000～3000

居住区各项用地配置应在分级配置基础上，考虑居住区职能侧重、居住密度、土地利用方式和效益、社区生活、户外环境质量和地方特点等多方面因素。

4.2 居住区规划设计基本原则

居住区设计的基本原则：居住区规划设计的目标是在"以人为本"的指导原则下，建立居住区不同功能同时运行的功能机制；以可持续发展为指导，建立文明、舒适、健康的居住区，以满足人们不断提升的物质和精神生活的需要，保持社会效益、经济效益、环境效益的综合平衡与可持续发展。

4.2.1 居住区的舒适性

为满足人的物质环境需求，居住区规划应充分考虑居住环境的舒适性。舒适性应包括卫生、安全、方便、舒适等要求，这些是居住区舒适性的基本物质性内容。在城市居住区规划快题中，居住区规划的舒适性主要体现在以下层面（图4-1）。

4.2.2 居住区的精神享受性

居住区作为承载家庭生活和邻里交往的社会单元，应提供住户足够的归属感和认同感；同时，考虑到住户的美学需求，居住区设计中应充分体现建筑与自然地协调处理，并善于营造富于变化的空间。除此之外，居住区设计中应充分衔接城市肌理脉络，体现地方文化特色，和城市文化主题一脉相承。

4.2.3 居住区的人文关怀性

居住区设计中，应重视人文关怀性的体现。公共空间设计方面，重点营造以行人为主导的步行环境的设计；建筑设计方面，强调对传统建筑风格额继承，并考虑建筑的多样性设计；景观环境方面，关注自然空间环境的保护与利用，并考虑与城市景观的有机衔接。

4.3 居住区规划设计的要素结构与形式

4.3.1 路网系统结构

1. 居住区道路网分级

居住区道路是城市道路的重要组成部分，具有集散、组织车辆交通与人流交通的作用，不同性质与等级的道路具有不同的功能。居住区快题设计中考虑居住区规模大小、居民出行方式，主导交通方向，在设计中要对道路交通组织进行分级，使之衔接有序，有效运转，并最大限度节约用地。

居住区道路分为居住区级道路、小区级道路、组团道路、宅间小路四级。对于一些特殊地段，考虑结构组织、交通需求、环境与景观布置，可适当增减，如增加商业步行街，滨水景观步道等。

居住区道路由车行道（机动车、非机动车道）、人行道两部分组成。考虑人车通行及满足地上地下管线敷设，按各构成部分的合理尺度，居住区级道路的最小红线宽度一般不宜小于20m，其中车行道宽度不应小于9m。

小区级道路是居住区的次干道，也是居住小区的主干道，具有沟通小区内外关系、划分居住组团的功能。一般小区级道路红线控制宽度14m，其中车行道宽度为满足机动车错车要求，一般情况下为6~9m。

组团级道路一般人车混行，路面宽度为3~5m。其中为满足地下管线的埋设需要等要求，其两侧建筑控制线宽度不小于8m，采暖区更达到10m。

宅间小路的宽度，考虑机动车低俗缓行的最小通行宽度要求，以及行人步行的舒适性，一般为2.5~3m。

住区规划快题设计中，道路系统的层级表达是重点，由于快题设计的表达特点——不准确性，住区规划道路系统的尺度表达不追求确切的准确值域，但图面路网结构中一定能从尺度关系中体现路网规划的网络层级关系。

图4-1居住区舒适性原则示意图

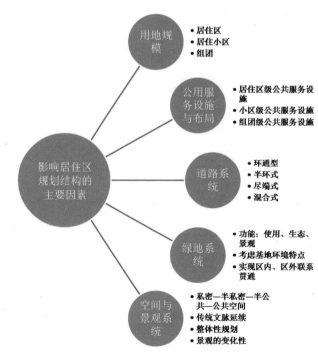

图4-2 影响居住区规划结构的主要因素 图片来源：作者自绘

2. 住区路网结构形态

① "S" 形路网结构：组织空间结构，丰富空间层次，软化空间界面。

② "L" 形路网结构：加强场地的规整性，实现道路与建筑空间的网格化组织（图4-3）。

③ "秤钩" 形路网结构：打破规则地形，使空间富于变化，提升场地空间的利用率和整体景观的均好性（图4-4）。

④ "环" 形路网结构（内环、中环、外环形）：利于实现交通服务的均好性，突出景观单中心结构（图4-5）。

⑤ "U" 形路网结构：有利于功能的分离和空间的融合，与轴线景观结构搭配设计，重点打入入口空间形象。

⑥ "3" 形和 "马鞍形" 路网结构：顺应地形进行设计，使空间富于变化（图4-6）。

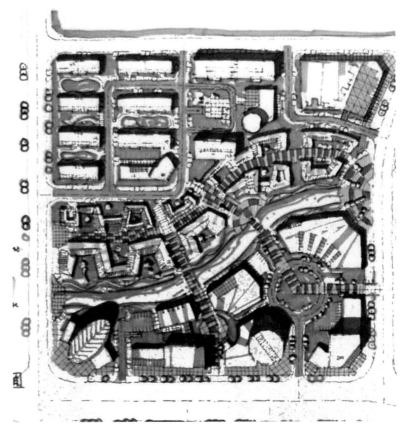

图4-3 "L" 形路网结构

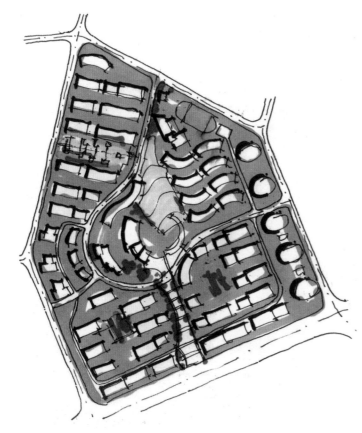

图4-4 "秤钩" 形路网结构

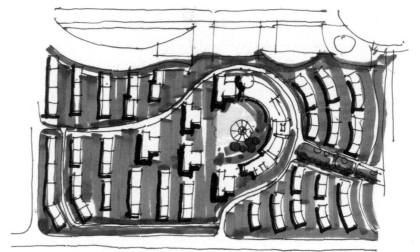

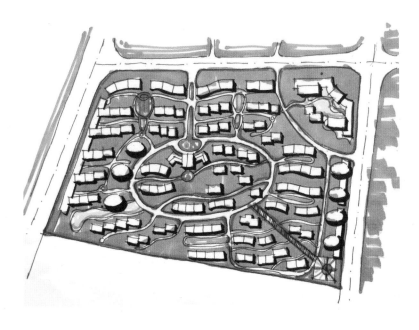

图4-5-1 "内环"形路网结构

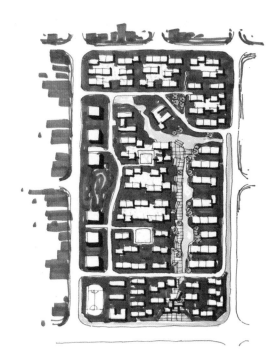

图4-5-2 "外环"形路网结构

图4-5-3 "中环"形路网结构

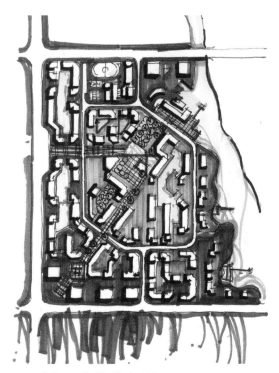

图4-6 "3"形和"马鞍形"路网结构

4.3.2 公共空间景观结构

随着全社会环境意识的整体增强，居住区建设经历了"容积率至上"到"建筑先做，环境补救"，直到现在的"环境当先，建筑跟后"的演变过程。作为居住区发展的主要利导，居民的购房考虑的主要因素依次为：交通条件、区域位置、房价、小区绿化环境、孩子上学、购物及其他。可见居住区环境已成为影响居民购房时考虑的主要因素之一。

1. 居住区公共空间景观系统的功能

① 生态功能：遮阳、隔声、改善小气候、净化空气；

② 享受功能：美化环境、游憩休闲、丰富活动场所。

2. 居住区公共空间景观系统的设计要求

① 可达性：步行的可达性、视线的可达性；

② 功能性：使用的功能、生态的功能；

③ 亲和性：尺度的亲和性、形态的亲和性。

3. 居住区公共空间景观系统的布置原则

居住区公共空间景观系统的由植物、水面、铺地以及各种建筑小品组成。

① 处理好公共空间与建筑空间的关系；

② 注重公共空间景观系统的多样性设计，利用点（宅间绿地、组团绿地）、线（绿化带、水系）、面（小区游园、居住区公园相结合的手法，进行公共空间布置。

② 处理好公共空间景观系统的层次关系，分级配置居住区公园、小区小游园、组团绿地和宅间绿地。

4. 居住区公共空间景观系统的结构形式

"一"字形：最常用的公共空间景观结构，使空间重点突出，结构清晰，易形成对景、收放有序（图 4-7，4-8）。

"T"字形或"十"字形：垂直形成两条主次景观轴，可以为绿轴与水轴结合，也可以是人工轴线与自然轴线结合，亦或硬质铺装与软质驳岸结合，使景观形式富于变化（图 4-9）。

"Y"字形：常与单中心景观节点搭配使用，使公共景观中心突出（图 4-10）。

"U"字形：常与多中心公共景观节点系统搭配使用，串联各功能组团的景观中心节点（图 4-11，4-12）。

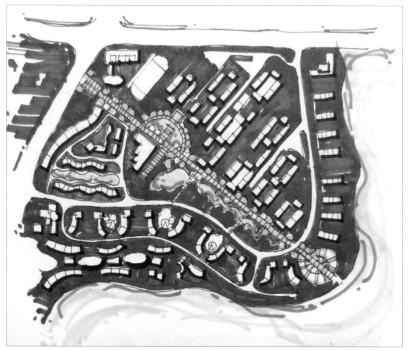

图 4-7 "一"字形公共空间景观结构1　陈建飞绘制

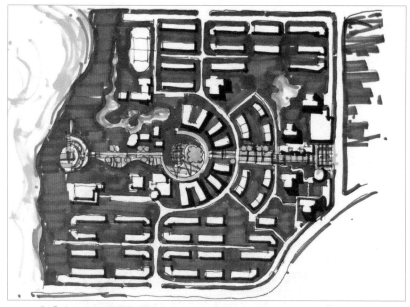

图 4-8 "一"字形公共空间景观结构2　陈建飞绘制

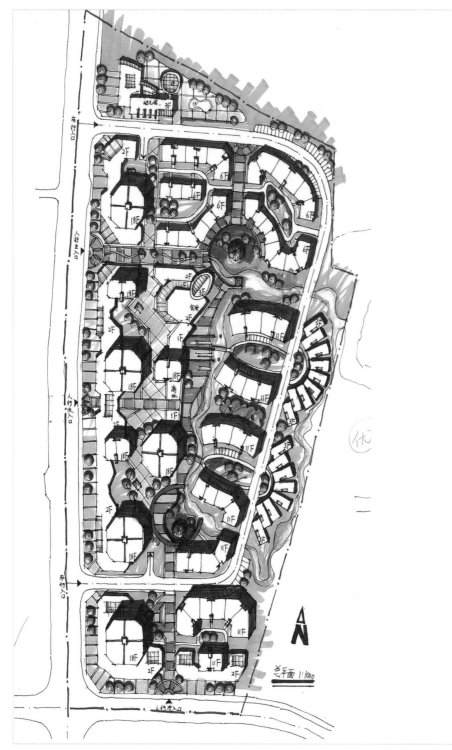

图4-9 "T"字形公共空间景观结构

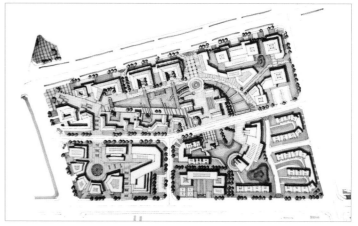

图4-10 "Y"字形

图4-11 "U"字形1

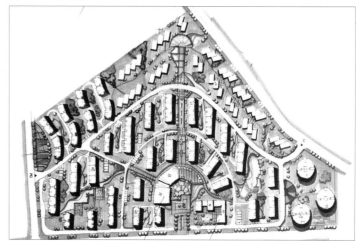

图4-12 "U"字形1

4.3.3建筑空间组合形式

（1）"排排座"布局：建筑沿公共空间、道路或地形整齐排列，空间韵律感强。这种建筑组合形式经济性高，是实际房地产开发项目中最常见的设计手法，但要注意布局的灵活性，避免排列过于死板（图4-14）。

（2）"半围合"布局：两、三栋建筑围合成"U"字形，形成最小邻里组团，并未组团住户提供半开敞公共交往空间（图4-15）。

（3）"点式"布局：顺应道路或地形特点，将点式高层沿线性空间摆放，易形成统一的建筑景观界面，常见于小区沿街立面的设计中（图4-16）。

（注：部分作品选自《城市规划专业全国大学生设计竞赛获奖作品选》2000-2003年获奖作品）

图4-15"半围合"建筑布局形式

（本部分作品截选自 城市专业全国大学生设计竞赛获奖作品选
2000年、2002年、2003年部分获奖学生作品

图4-14"排排座"建筑布局形式

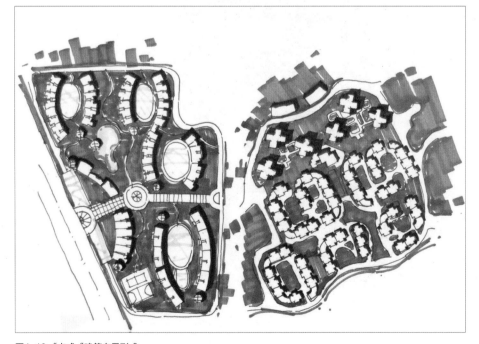

图4-16"点式"建筑布局形式

4.4 居住区规划设计的高分要点及技巧

4.4.1 住宅布置

（1）从总体上有清晰的结构。不同组团的区分可以利用不同的朝向，不同的建筑形式，或设置分割带来强化成组的感觉。

（2）不同的住宅形式容易出效果。弧形住宅，拐角单元，方形小高层，圆形小高层等等，加上基本的条式住宅，可以构成良好的效果。

（3）要注意沿街立面的景观。沿街要采用不同的布置手法，或设置不同的住宅形式等，以取得良好的视觉效果。

（4）避免临街处产生消极空间。住宅布置要尽量卡小区边界，把不规则的形式留给组团绿地。放不下一排的空间，可考虑前排设低层。

（5）组团布置要灵活多变。可以单排，双排，三排等，特别是三排，会有多种变化，有利于丰富布置形式，产生良好的平面效果。

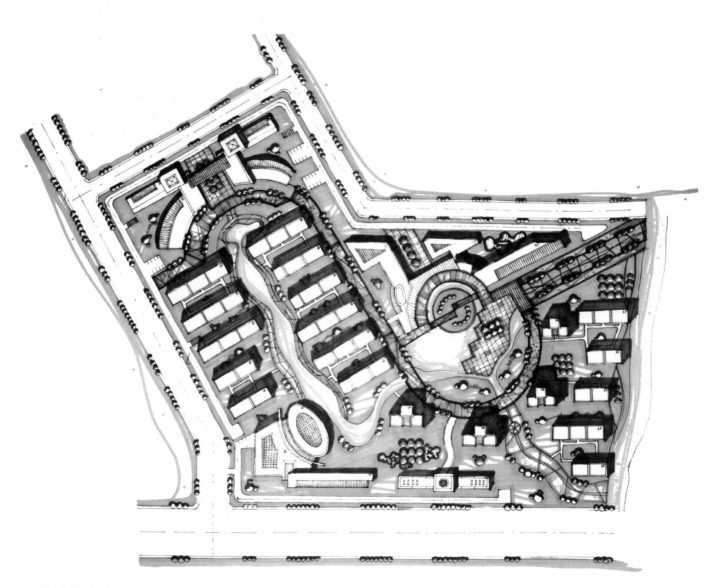

图4-17 某居住空间平面图

4.4.2 交通组织

（1）要合理确定出入口。一般设 2~3 个，设在城市次干路上为宜，且与城市交叉口的距离不小于 70m。

（2）道路等级要明确，形式要通而不畅，避免单调。小区路的取值一般参考 18m、12m、9m、6m、3.5m，形式可取弧线或钝角折线。

（3）小区主路不能支持边界住宅时可考虑设置组团主路。两者要相互协调。

（4）要注意道路功能的复合性。道路不单要方便到达，还应有良好的景观视线或穿插公共服务设施。

4.4.3 公建配置

（1）公建形式要与住宅形式互补。当住宅形式比较但单调时，要考虑布置灵活的公建形式。反之亦然。

（2）幼儿园宜入口附近以方便人们上下班接送小朋友，建筑切忌东西向，应留有活动场地，并做好噪音的隔离防止影响居民。

（3）中学的办公楼和教学楼应取南北向，并按规范远离街道，中学操场可临街布置。

（4）公建配置要全，用地要充足，最后要标层数。

4.4.4 景观设计

（1）景观设计忌宽的步行路，要有节点变化。

（2）强调轴线未必一定要连通，虚的轴线，只是视觉通畅，又是能取得更好的效果。

（3）景观组织可考虑结合地形的弧形对称，使轴线两端的建筑，绿化在做小规模的变异的前提下，总体对称。

（4）要注意景观的多样和表达。

4.4.5 成果表达

（1）整个构图应在画图前有所构思准备。

（2）彩铅，马克笔应尽量和拷贝纸搭配，容易出效果。

（3）表达以淡彩为主，做好退晕与颜色搭配。

（4）道路要画中心线和人行道。

（5）所有的建筑要标层数和阴影。

（6）规划结构图要画好道路，并用圆滑的封闭图形表达组团分类。

（7）用地指标要全面、规整。

4.4.6 经济技术指标和用地平衡表≠思维禁锢

（1）基本技术经济指标关系解读。

（2）容积率 / 建筑密度 = 平均层数 = 住宅总建筑面积 / 住宅基地面积。

（3）住宅面积 / 居住区总建筑面积 ≥ 80%。

（4）住宅用地面积 / 总用地面积 ≈ 50%。

（5）公共服务设施 / 居住总用地 ≥ 15%（ 20%～32% ）。

图4-18 某行政中心广场空间景观设计示意图

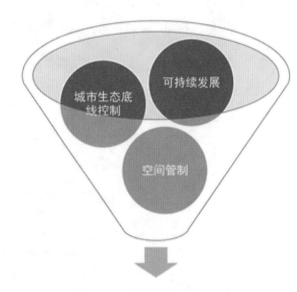

图4-19 城市规划技术经济指标的内涵示意 图片来源:作者自绘

4.5 居住区规划快题设计案例评析

4.5.1 华中科技大学 2012 年研究生入学考试试题

某海港商住混合区规划

一、基地概况

规划基地紧邻某城市的内海港（此港口功能已置换），东、南、北侧为城市道路，周边用地及环境详见附图 1。基地总用地面积为 11.66hm2，具体的地形及尺寸详见附图 2。

二、规划任务要求

1. 任务目的：周边环境强约束下的空间规划设计。

2. 规划条件与要求：

（1）用地性质：商住用地。其中居住建筑面积不少于 80%，商业服务业态自行确定，需要配置社区会所及相应配套服务设施。

（2）日照间距系数为 1：1，当日照间距超过 45m 以上时，按 45m 计。

（3）停车泊位：按每户 1 个车位的标准，地面停车泊位不少于 15%。

（4）容积率为 1.5，建筑高度不超过 30m。

（5）规划空间与建筑布局应充分考虑与海港的形态呼应，并与周边地块在功能、空间、交通等方面进行协调。

三、成果要求

1. 成果内容：

（1）规划方案总平面图，1：1000。

（2）局部或整体鸟瞰图，比例不限。

（3）表达设计概念的相关分析图纸，比例不限。

（4）简要的规划设计说明及技术经济指标。

2. 图纸规格：图纸尺寸为 A1 规格，表现方式不限。

3. 图纸表达：

（1）图纸规范程度；

（2）图纸表现效果。

四、其他说明

（1）考试时间为 6 小时（含午餐时间）；

（2）考生不得携带参考资料入场。

五、评分标准

总分：150 分

（1）总平面图 80 分

（2）局部或整体鸟瞰图 30 分

（3）表达设计概念的相关分析图纸 20 分

（4）相关的规划设计说明 15 分

（5）必要的技术指标 5 分

（5）是否符合相关技术规范

六、评分要点

1. 成果内容是否符合规定的成果要求。

2. 设计方案：

（1）空间布局创新性、合理程度；

（2）车行和步行交通处理是否等当；

（3）与周边城市道路以及环境空间的协调关系；

（4）建筑布局总体效果。

题目解读：

1. 本地块为沿海地块且地块内部含有功能已置换的海港。

2. 本方案构思以内部海港为切入点，在道路系统上宜考虑海港形状结合周边环境完善道路系统。

3. 在景观设计上同样以海港为切入点作为虚轴的主要组成部分。

注意轴线衔接问题，考虑实轴与虚的结合。

4. 建筑形式：沿海港规划界面注意空间的丰富与变化，形成沿海的景观视线。

5. 综合考虑道路交通系统，景观设计、建筑形式三方面的协调性。

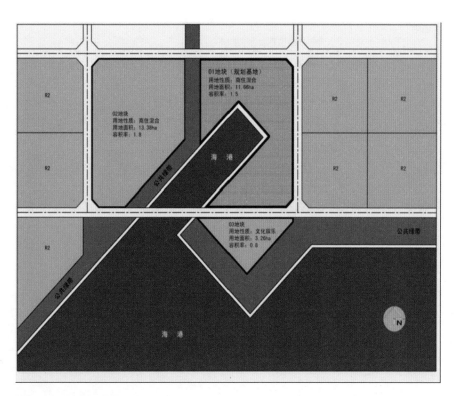

附图1 居住区基地周边环境图

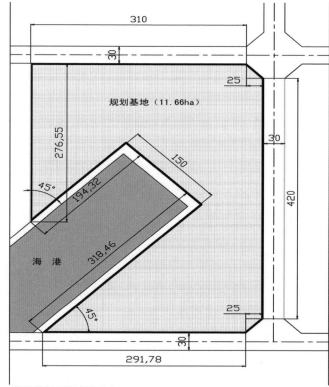

附图2 基地地形及相关尺寸

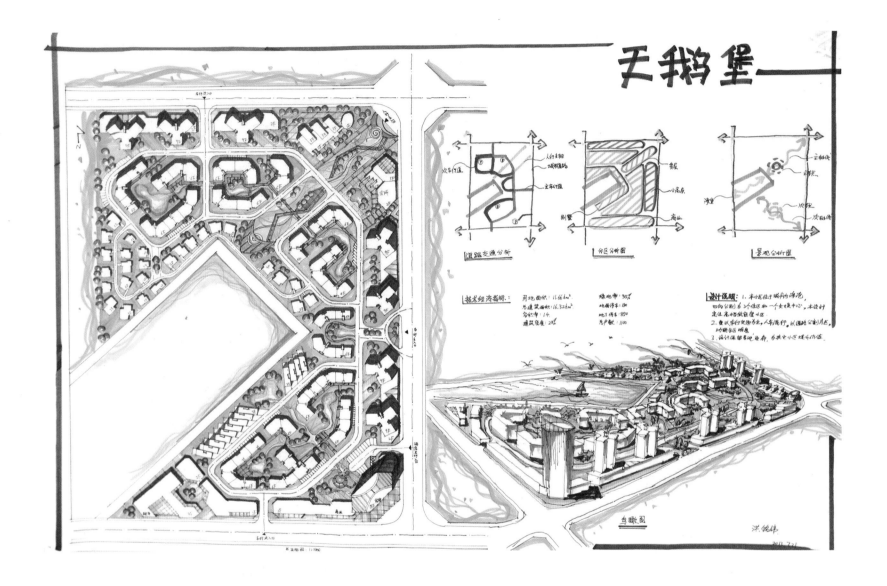

天鹅堡

道路交通分析　　分区分析图　　景观分析图

技术经济指标：
用地面积：11.66ha
总建筑面积：16.32ha
容积率：1.4
建筑密度：28%

绿地率：35%
地面停车：180
地下停车：850
总户数：1100

设计说明：

鸟瞰图

洪铭伟

实例4.5.1-1

作　者	洪铭伟
学　校	华中科技大学
作业时间	6小时
图纸尺寸	1号图纸
学习时间	2013绘世界暑期规划强化班

设计评价

　　该方案构思新颖，功能分区明确，路网结构清晰，生态空间网络布局与海港形态形成呼应。需要加强的方面：居住空间布局整体感、秩序感需要加强，组团空间识别性需要提升，路网结构层次需要更加明确。

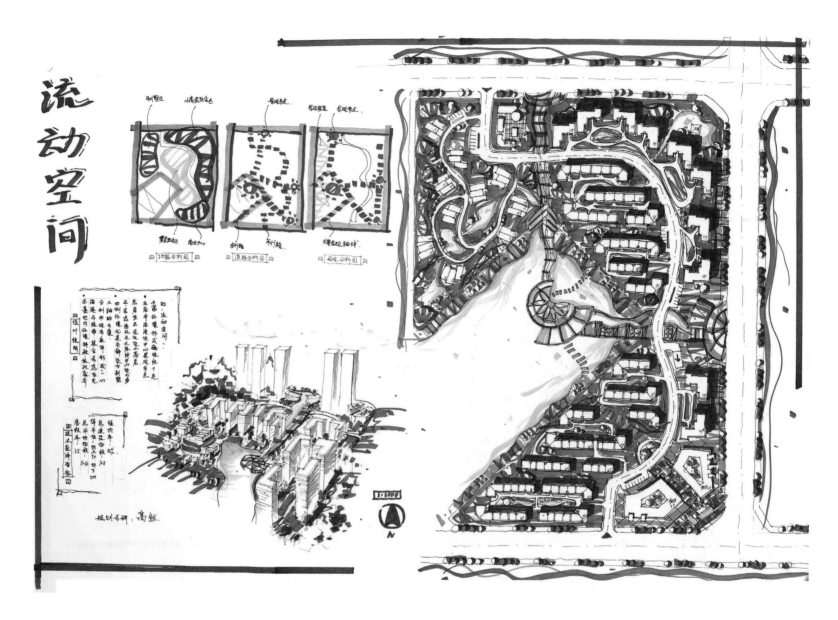

实例4.5.1-2

作　者 高 然
学　校 四川农业大学
作业时间 6小时
图纸尺寸 1号图纸
学习时间 2013绘世界暑期规划强化班

设计评价

　　该方案通过开敞空间的分隔，明确划分出三大居住组团，并通过硬质和软质铺地区分公共空间和居住空间，方案结构清晰，布局合理。不足之处在于，车型道路表达过于随意，不符合实际使用要求。

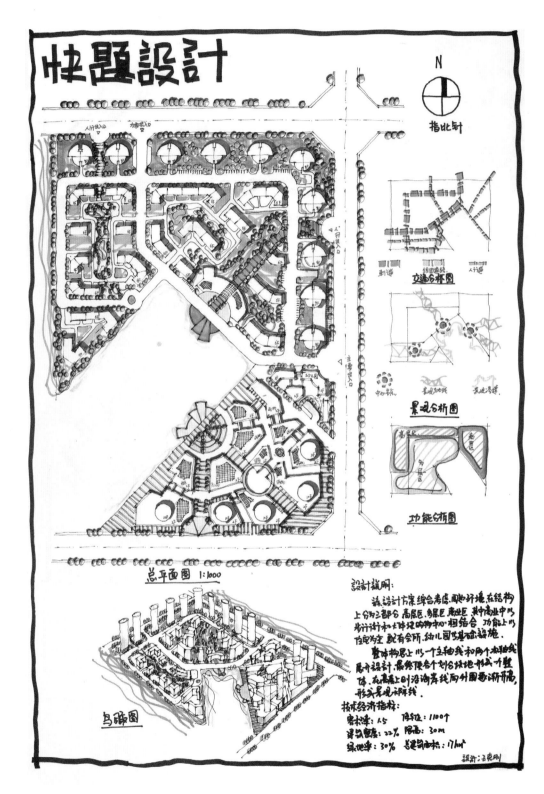

实例4.5.1-3

作　　者 王克刚
学　　校 河南城建学院
作业时间 6小时
图纸尺寸 1号图纸
学习时间 2011年绘世界暑期规划考研班

设计评价

　　该方案功能分区明确，空间结构合理。功能分区上运用硬质铺地和软质铺地的交替使用，区分公共空间和居住空间，道路交通系统规则大气，增添了方案的整体感和几何感。但绿地景观系统设计略显不足。

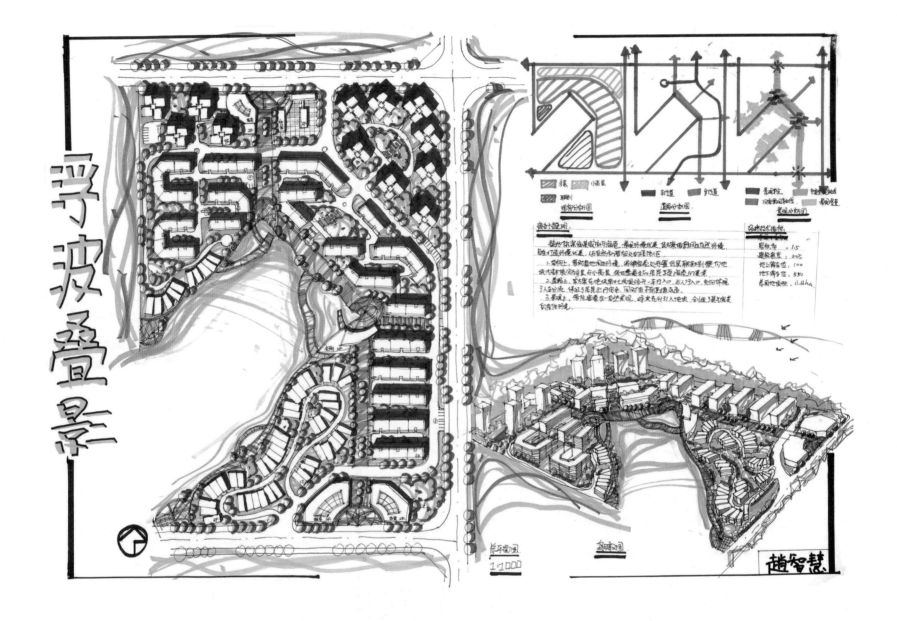

浮波叠景

实例4.5.1-4

作　　者 赵智慧
学　　校 信阳师范学院
作业时间 6小时
图纸尺寸 1号图纸
学习时间 2012绘世界寒假规划班

设计评价

　　该方案居住组团分区明确，公共景观系统设计丰富，考虑到海港作为城市生态基础设施的公共性，预留了城市生态开敞空间廊道。不足之处在于道路交通系统缺乏分级设计，导致主干路网过于曲折，应简化主干路网，增加支路网的可达性。

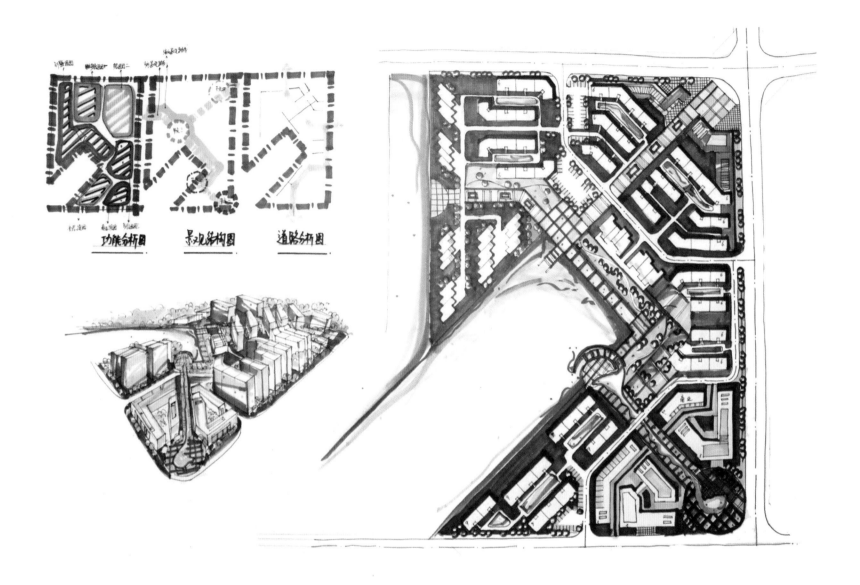

功能分析图　　景观结构图　　道路分析图

实例4.5.1-5

作　　者 孟哲
学　　校 长江大学
作业时间 6小时
图纸尺寸 1号图纸
指导教师 乔杰

设计评价

　　该方案公共空间景观结构丰富而有秩序，与港口几何形态形成了良好呼应，并预留了城市生态开敞空间廊道，突出了海港作为城市生态基础设施的公共性，建筑布局不拘泥于朝向，而是最大限度地保证了水景可视性，呼应了海港主题。不足之处，主干道路网系统过于曲折，应简化主干路网，增加支路网的可达性。

4.5.3 （深圳大学07年考研真题）

某高新园区住宅规划

一、基地现状

项目位于南方某市市区，基地西南两侧紧邻城市市政道路，东北侧为待开发居住用地，西侧隔市政路为已建成居住区，基地东南侧为城市公园用地，公园内有一集中水面。红线范围内总用地 77,700 平方米。用地范围内地形基地平坦，现有数课古树（原则上要求保留）。基地情况详附图"某中密度住宅小区用地范围及周边条件图"。基地内拟建住宅及相应的公建配套设施。

二、规划设计内容及要求

1. 总用地面积 77,700 m²

2. 容积率 ≤ 1.5

3. 总建筑面积 ≤ 116，50m²（不含地下室面积）

其中：1）商业 3,000m² 左右，布局方式不限，可采用集中商业或底层商业裙房：

2）小型会所 2,500m² 左右，包括社区文体休闲活动设施及物业管理用房等：

3）六班幼儿园建筑面积 2,000m² 左右（需独立用地 3,000m² 左右）

4）住宅 109,050m² 左右，总户数约 1,000 户左右。户型规模以三房两厅（建筑面积 115m²/户）及二房两厅（建筑面积 85m²/户）为主，其余户型考生根据各自方案决定，住宅类型及组合方式不限：

4. 层数原则上以多层及 11 层及以下小高层住宅为主，可适当考虑 18 层及以下其它类型的住宅；

5. 日照间距 ≥ 1:1.2

6. 停车位按 0.5 个/户配置，停车方式（集中、分散、地面、地下）不限，但要求规划中表示地面停车、地下车库范围及出入口位置；

7. 建筑密度、绿化率等不作硬性规定，考生可根据各自方案考虑；

8. 用地范围内建筑退红线各边均为 10m。

三、规划设计内容表达要求：

1. 简要设计说明（400 字以内，含主要经济指标及户型说明）

2. 总平面图 1:1000（徒手或工具绘制，要求比例正确）

3 景观节点构思（不作特别规定，以反映方案特征为目的）4. 规划分析图（规划结构、道路系统、绿化景观、空间系统等）数量不限，以能说明方案特征为原则。

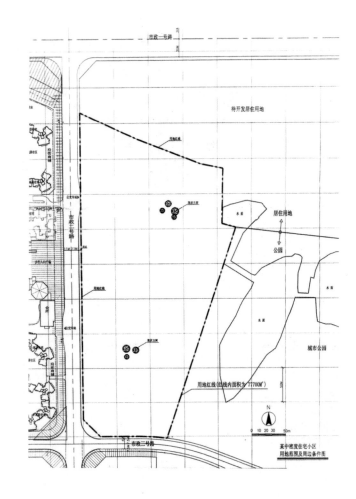

某中密度住宅小区
用地范围及周边条件图

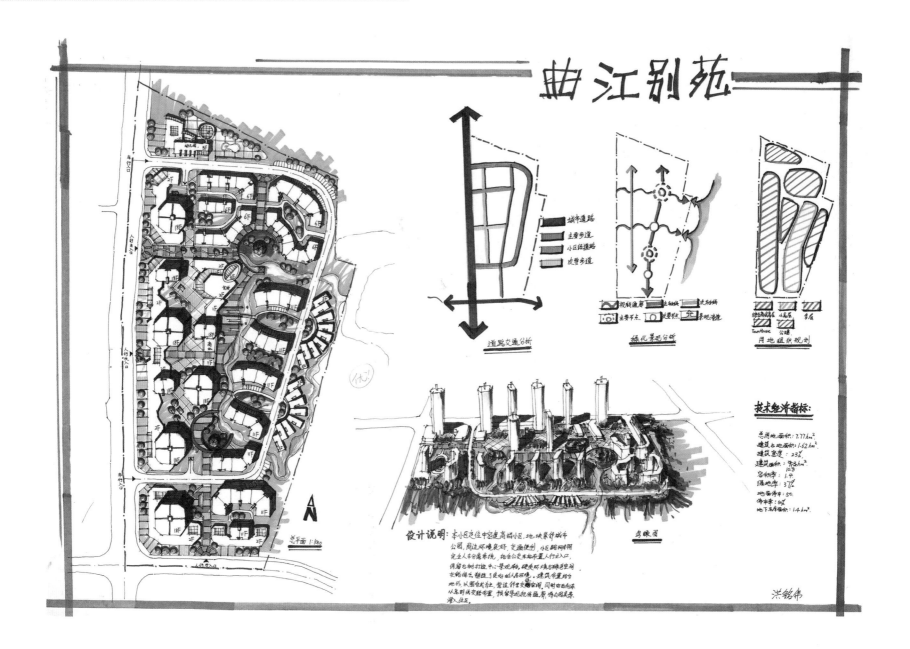

曲江别苑

实例4.5.3-1

作　　者　洪铭伟
学　　校　华中科技大学
作业时间　6小时
图纸尺寸　1号图纸
学习时间　2013绘世界暑期规划强化班

设计评价

　　该方案组团清晰、路网合理、细节丰富。通过铺装和建筑形态的变换，突出组团特色。除此之外，该方案在色彩的运用上，清新细腻，值得考生借鉴。

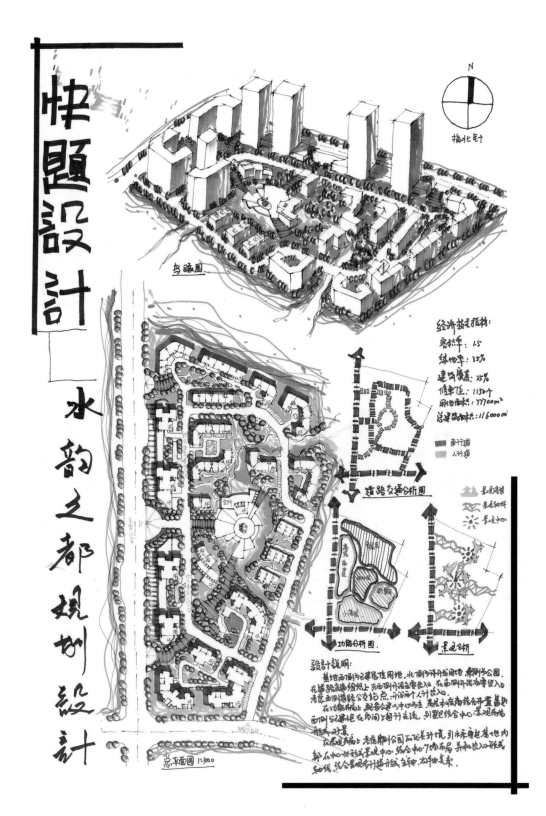

快题设计

水韵之都 规划设计

鸟瞰图

总平面图 1:1000

实例4.5.3-2

作　　者 王克刚
学　　校 河南城建学院
作业时间 6小时
图纸尺寸 1号图纸
学习时间 2011年绘世界暑期规划考研班

设计评价

　　本方案功能分区明确，路网结构清晰，能够较好的利用基地周边的环境，创造一个适宜人类居住的良好环境。沿街商业能够充分体现现代化多功能居住小区的要求，符合该方案的设计目标。尤其是中心景观与自然水系的完美结合，充分体现了"人与自然和谐"的设计理念，如果步行轴线能够更好的与中心景观形成联系，会使整个方案更具整体性。

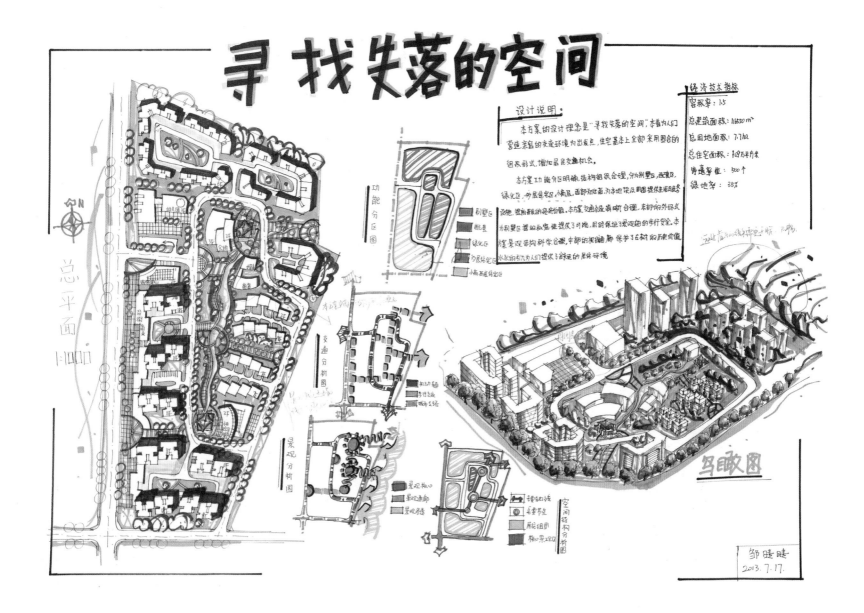

寻找失落的空间

鸟瞰图

实例4.5.3-3

作　　者　皱晴晴
学　　校　信阳师范学院
作业时间　6小时
图纸尺寸　1号图纸
学习时间　2012绘世界暑期班

设计评价

该方案组团感有所营造，但功能分区还需进一步明确。不足之处在于，景观空间系统性不强，道路交通系统缺乏分级设计。分析图的画法值得借鉴。

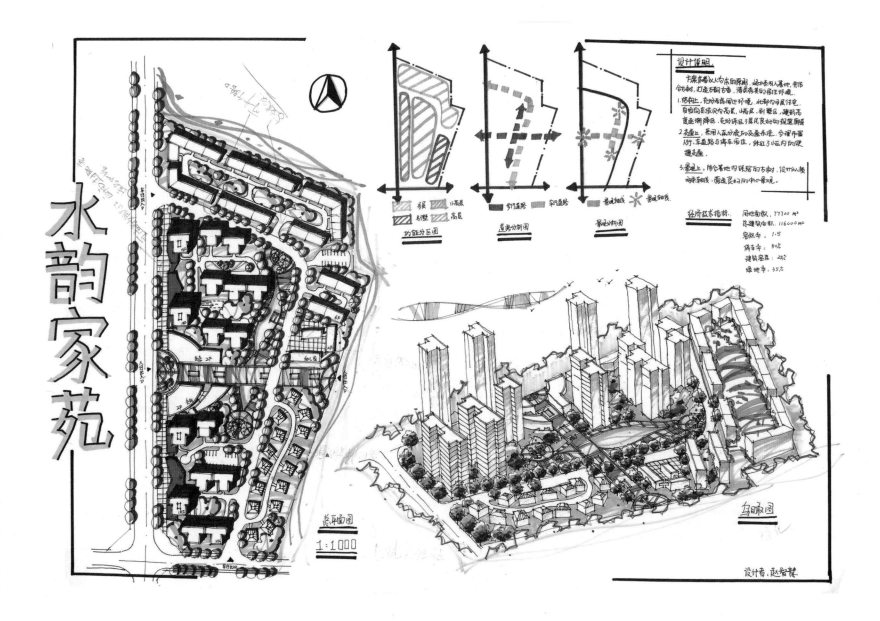

实例4.5.3-4

作　者　赵智慧
学　校　信阳师范学院
作业时间　6小时
图纸尺寸　1号图纸
学习时间　2012绘世界暑期班

设计评价

　　在空间布局方面，方案功能分区明确，通过铺装和建筑形态的变换，突出组团特色。景观结构和路网系统，搭配均衡，为方案奠定了规则大气的空间结构"骨架"基础，建筑布置遵循组团分区，成团成组。

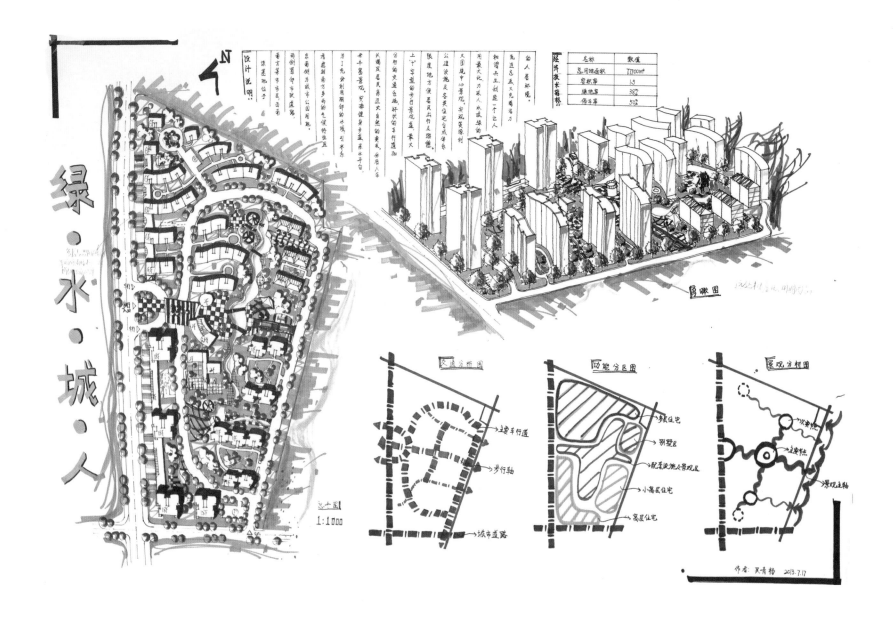

实例4.5.3-5

作 者	吴清杨
学 校	信阳师范学院
作业时间	6小时
图纸尺寸	1号图纸
学习时间	2013绘世界暑期班

设计评价

该方案版面丰富，但方案本身空间结构不够明确，建筑没有形成组团。应该从道路网系统和开敞空间景观系统入手，进一步梳理方案的"骨架"，首先明确组团分区，在组团的基础上布置建筑，强化方案的整体感和结构性。

4.5.4　华南理工大学 研究生考研试题

居住区公共中心修建性详细规划

一、基地概述

基地位于珠江三角洲地区某城市新区，总用地面积为 106000m²。北面临城市主干道，西面依城市次干道，东面为城市支路，南面为已建居住小区。基地内有一座 12m 高的古塔，常年主导东南风（详见附图）。

二、规划部门要求：

① 按照地区级和居住区级两级配置公共设施（见附表 1；附表 2）

② 南北建筑间距不少于 1H（H 为南面楼之高度）。

③ 建筑后退：城市主干道红线不小于 8m，城市次干道红线不小于 6m，后退城市支路红线不小于 5m。

三、设计表达要求

① 总平面图 1：1000。要求标注各设施之名称。

② 空间效果图不小于 A3 幅面；可以是轴测图等。

③ 表达构思的分析图若干。（功能分区和道路交通分析为必须）

④ 规划设计说明和经济技术指标。

四、附图

附表1：地区级公共设施

项目	建筑面积（m²）	用地面积（m²）	建筑层数	其他
地区级购物中心	5000	4500	2~3	提供车位 15 个
地铁出入口		300（疏散广场）		宜位于地块西北转角处
公交总站	400	3000		位于地块西北部，需注意出入口与城市道路的关系

附表2：居住区级公共设施

项目	建筑面积（m²）	用地面积（m²）	建筑层数	其他
休闲商业区	10000	10000	2	采用步行街式空间形态，局部可设置广场
24 班高中	11000	22000	2~4	设 400 米跑道
居住区公园	1500			
（管理服务用途）	35000~50000		可设 2~3 个出入口	
社区文化中心	8000	8000	2~4	包含一电影院，一图书馆
社区医院	3000	4000	2~3	宜靠近公园
肉菜市场	2000	2500	1~2	可以超市形式，结合休闲商业区布置
社会停车场		2000		

注：休闲商业区的功能配置包括各类专业商店、电信邮政金融等服务网点、居委会物管警务等办公、书店、餐饮、娱乐休闲等，大部分建筑为 2 层，采用进深约 10 米，面宽约 5 米的单元。

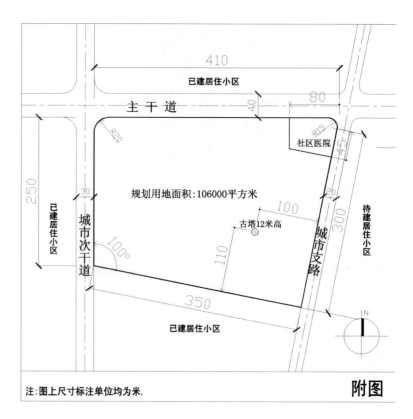

注：图上尺寸标注单位均为米.

附图

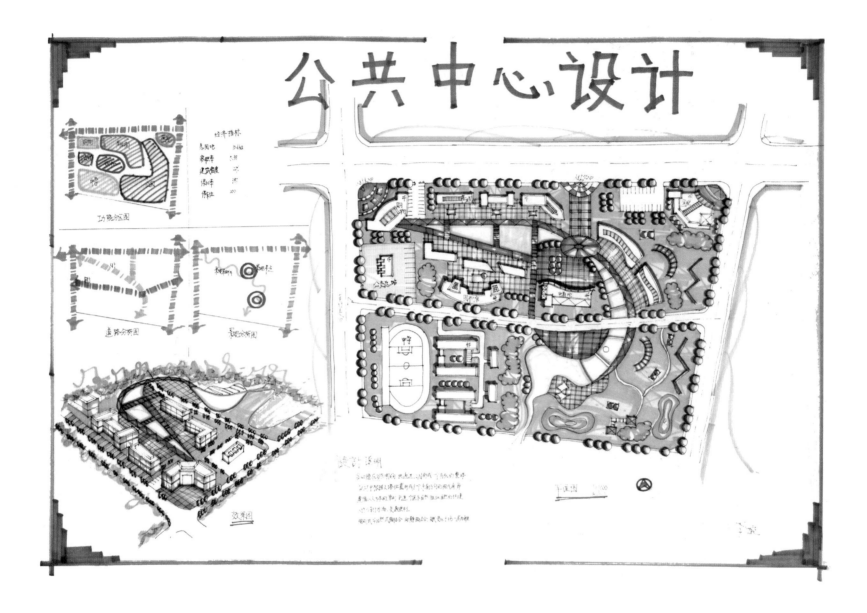

实例4.5.4-1

作　　者 李婉
学　　校 安徽科技学院
作业时间 6小时
图纸尺寸 1号图纸
学习时间 2012绘世界暑期班

设计评价

　　该方案环境处理手法新颖，重点突出，但应特别注意环境与建筑在体量上的和谐，避免出现环境"假大空"的状况。建筑体量脱离实际，且缺乏与环境的耦合。

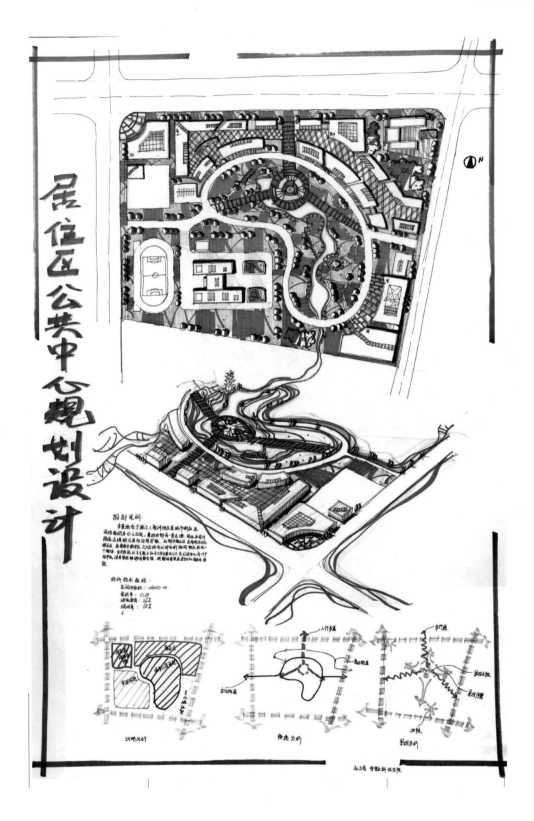

居住区公共中心规划设计

实例4.5.4-2

作　者　孙文君
学　校　安徽科技学院
作业时间　6小时
图纸尺寸　1号图纸
学习时间　2012绘世界暑期班

设计评价

该方案采用环岛路网，突出空间中心，并围绕"中心环岛"布置建筑单体和步行街，功能分区明确，建筑布局与景观环境耦合关系处理较好，方案整体感强。但在建筑设计上仍可完善，尝试通过形态体现建筑的功能特色。

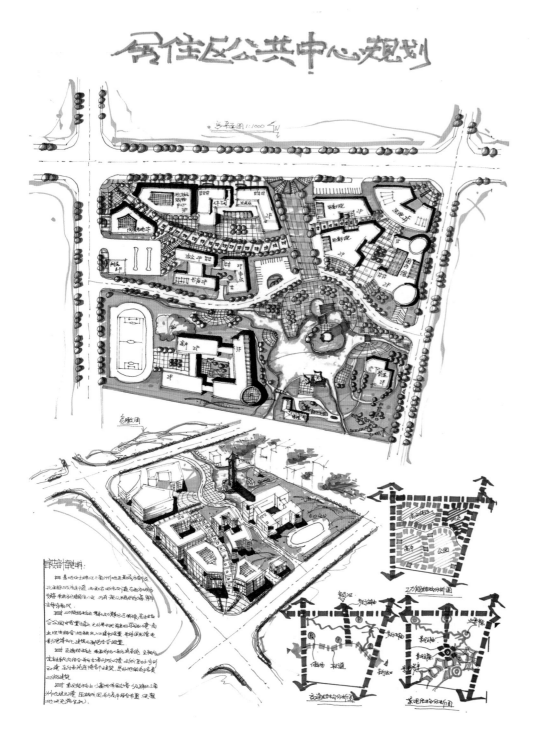

居住区公共中心规划

总平面图1:1000

实例4.5.4-3

作　者　熊彬淯
学　校　湖北民族学院
作业时间　6小时
图纸尺寸　1号图纸
学习时间　2013绘世界暑期班

设计评价

　　该方案空间结构清晰，布局合理，建筑形体丰富，且建筑组合关系处理巧妙，景观环境丰富且等级分明，地块内景观主轴线同时充当了城市生态开敞空间廊道，体现了居住公共服务中心的开放性。鸟瞰图的表达仍应加强。

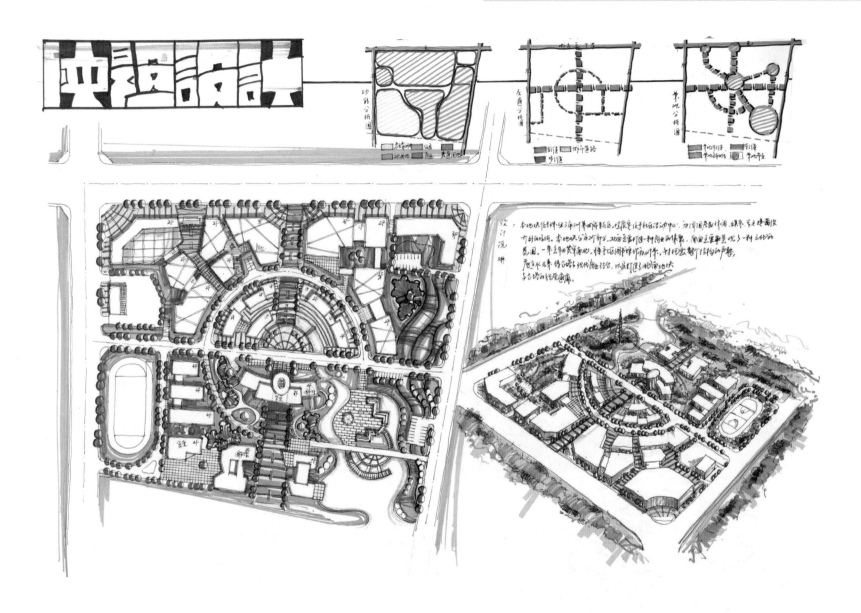

实例4.5.4-4

作　者　朱云云
学　校　安徽建筑大学
作业时间　6小时
图纸尺寸　1号图纸
学习时间　2012绘世界暑期班

设计评价

　　方案采用相互垂直的一组车行和步行主干道，将地块分割成四个组团，各组团内部建筑组合布局，突出组团整体性，同时，通过建筑的体量和密度体现组团功能差异。另通过圆形环道围合出空间重心，使方案空间结构清晰。

第五章　城市中心区规划快题设计

5.1 城市中心区规划快题设计概论

5.1.1 城市中心区规划设计内容

城市中心是城市开展政治、经济、文化等公共活动的中心，是城市居民公共活动最频繁、社会活动最集中的场所。一般通过各类公共建筑与广场、街道、绿地等要素有机结合，充分反映历史与时代的要求，形成富有独特风格的城市空间环境，以满足居民的使用和观赏要求（表5-1）。

5.1.2 城市中心区的功能构成

城市中心区主要承载城市的行政、商业、商务、博览、文娱、体育、交通和公共活动等功能。快题设计中，考生应将各类功能设施按照动静分离、成团成组的原则有序布置（表5-2）。

5.1.3 城市中心区快题设计的类型

1. 城市行政文化中心

城市行政文化中心既是城市的政治决策与行政管理机构的中心，也是城市文化、博物、展览、观演、会议设施相对集中的地区，是集中体现城市政治功能和文化特色的重要区域（表5-3，5-1）。

2. 城市公共服务中心

城市公共服务中心往往兼具商业、商务、文化中心功能，是城市商业服务设施、商务办公设施和文化娱乐设施最集中的地区，与市民日常活动关系密切，体现城市文化娱乐生活水平及经济贸易繁荣程度的重要区域（表5-4）（图5-2）。

3. 城市门户及形象节点

城市门户及形象节点是指联系城市与较大区域的综合交通枢纽地段。既是城市与内外交往的出入口，又是体现城市文化特色的门户节点，能对外部产生极大的吸引力和辐射力，具有较大经济发展潜力，是新城建设的理想地区（图5-5）。

5.2 城市中心区规划设计基本原则

城市中心区区位独特，功能混合，交通复杂，在进行空间布局和功能组织时应以下设计原则（表5-6）。

表5-1 城市中心区规划设计内容

类型	功能	备注
行政中心	政府行政机构集中的地段，也是市民进行政治活动的场所。	
商业中心	城市中主要零售商业和服务业相对集中的地段，是居民购物的主要场所。	这两种中心虽有区别，但是在一般情况下又有密切联系。发达的资本主义国家大城市中的商业事务区（简称CBD），如纽约曼哈顿区、东京千代田区等就是经济和商业活动高度集中的地区。
商务中心	集中了地区性的金融、商业、服务、管理、信息等活动，主要是进行经济活动的神经中枢。	
文化娱乐中心	指包括博物馆、展览馆、就按、电影院、咋机场、文化宫、图书馆、体育场等全市重要的文化娱乐设施比较集中的地区。这里吸引着大量的人流和车流。	其中一些设施通常同商业中心结合布置；大型体育设施或游乐设施则同公园绿地相结合，或设置在城市外围的独立地段。
城市门户及形象节点	如铁路客运站、交通枢纽站点等，往往深入到城市中心地区或中心区的边缘，常被称为城市门户，是城市新中心的发祥地。	

表5-2 城市中心区的功能构成

设施类型	功能项目
行政设施	政府大楼、市民广场
商业设施	百货商场、购物中心、超市、酒店、市场
商务设施	办公楼（标志性建筑）
博览设施	展览馆、美术馆、博物馆
文娱设施	影院、图书馆、文化宫
交通设施	车行道、步行系统、停车场地、公交站场、地铁站
体育设施	运动场、运动馆
公共活动场地	绿地、广场

表5-3 城市行政文化中心设计要素

设计元素	注意事项
政府大楼	三段式结构，中间主楼，两侧副楼
市民广场	规则大气，硬质铺地为主，考虑停车
景观环境	背山面水，背实面虚，背抵山地景观公园，面向轴向开敞空间
轴线组织	中轴对称，景观元素讲求秩序感
交通组织	院院通车，停车自成体系
其他建筑	个性鲜明，整体风格和谐统一，外向布局

表5-4 城市公共服务中心设计要素

设计元素	注意事项
公共建筑	大小体量综合布置，形式灵活
广场	注意软硬质铺地结合，可适当用水体、绿化或休息廊亭点缀；注重与周边建筑的有机衔接，广场体量不必过大
街道空间	通过建筑围合街道，注意街道高宽比的搭配；步行空间开合有度，缩放自如
轴线	结合步行空间和建筑流线组织
交通	考试地块大多以步行解决商业街交通，外来车辆利用便捷的地面与地下停车系统解决

表5-5 城市门户及形象节点设计要素

设计元素	注意事项
站房	地铁、轻轨、动车站等的地面下衔接，站场出入口的位置
集散广场	考虑瞬时大量人流集散，以硬质铺地为主，规则大气
景观环境	轴线明确、开敞大气、软硬结合，景观元素讲求秩序感
交通组织	考虑多种交通工具的换乘，每种交通工具有相应的站场和停车空间
周边建筑	站场一般结合商业酒店、仓储物流和批发市场进行布局，公共建筑要求个性鲜明，整体风格和谐统一，外向布局

表5-6 城市中心区规划设计基本原则

设计要点	具体内容
位置选择	城市中心的位置要选在能充分突显城市文化和自然特色的区域，如沿山、滨水地段等；
	考虑城市的历史和现状，充分利用历史上已经形成的城市中心，有利于历史名城改建和保护；
	城市中心位置的选择还应考虑城市用地将来的发展需要，在布局上保持一定的灵活性。
规划布局	结合周边地段的用地性质和功能属性，选择合理的功能布局形式，保证功能相似相近，动静分离；
	通过轴线、节点和重要空间的刻画，明确方案空间结构；
	彰显城市的自然、文化特点，营造富有城市特色的城市中心面貌。
交通组织	中心区人流、车流高度集中，必须重视交通组织，做到集散迅速。一般在中心地区的周围布置交通干道或环路。城市中心地区与城市主干道要有方便的联系，但又不能让交通繁忙的干道穿越中心地区；
	通过立体交通的建立，利用地下空间，建设地下通道、地下停车等，使地下设施同地面上的各项活动紧密结合起来，提升中心区品质；
	吸引大量人流、车流的公共建筑不应过分集中地布置在中心区，更不能布置在交通繁忙的道路交叉口上；这类公共建筑前面应有足够的集散场地。

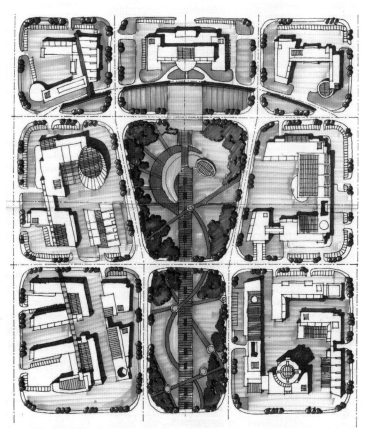
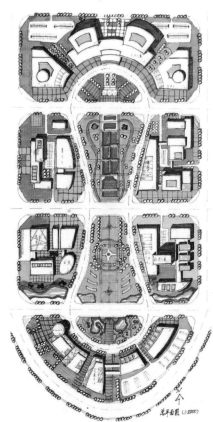

图5-1 城市行政文化中心

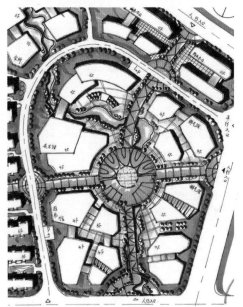

图5-2 城市公共服务中心

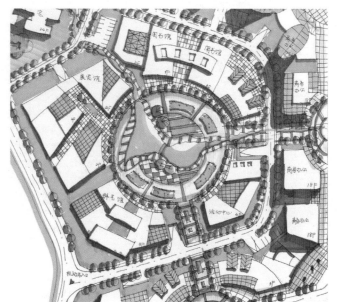

5.3 城市中心区快题设计基本要点及技巧

5.3.1 空间结构

1. 轴线式

轴线式空间规划方法是城市设计中较常见的一种空间结构处理手法，能够清晰地在方案中呈现明确的功能分区和连贯的景观序列。本节从轴线的选取、轴线的强化和轴线的组织形式三方面介绍"轴线式"空间结构方案的设计技巧。

（1）轴线的选取——"节点选取法"

根据"两点成线"的原理，建立轴线的关键在于"点"的选取，可以用来建立轴线的点可归纳为以下三种：角点、中点、重点。

角点：地块的转角，可以作为人行出入口布置入口广场。

中点：地块长边的中点，适合设置人 - 车行入口，或预留开敞空间廊道。

重点：场地条件中介绍的空间或实体要素，如需要保留的建筑、水体、地形、交通站场等的所在位置。

以这三种"点"作为基点构建轴线，既能满足使用功能，又有助于结构上的协调美观。

（2）轴线的强化

第一种，通过自然环境要素强化轴线。整理用地内的自然条件，通过对水系、农田、山体的梳理，建立开敞空间廊道，形成景观轴线（图5-4）。

第二种，通过连续的建筑界面强化轴线。在建筑平面布局时，沿轴线布置风格一致的建筑或组团，形成连续的建筑界面，突出轴线（图5-5）。

（3）轴线的组织形式

① 轴线对称式

"轴线对称式"空间布局形式最常作用在单一用地性质的小地块内，采用"一心两轴"的对称式布局，主轴为实，次轴为虚，功能组团依附主轴对称布局，主轴线做到有头有尾有中心的"三段式"组合形式（图5-6）。

② 轴线转折式

"轴线转折式"空间布局形式是在"轴线对称式"的基础上，对轴线空间的趣味性和丰富性进行了深入探讨，以防止在场地中，由于单一方向轴线延伸过长，造成画面单调，景观层次单一的问题。"轴线转折式"的空间组织方式重点在于轴线的建立和折点的选取。除应遵照前文提到的"节点选取法"建立轴线外，在折点的选择上，应优先考虑场地中的已知要素，如特殊景观环境要素、地形要素和保留的历史要素等，利用这些要素节点转换轴线方向（图5-7）。

2. 节点放射式

方案没有明显的轴线，或轴线在空间结构中占据的分量很轻，而是以一个广场或景观节点为空间核心，通过放射状的开敞空间廊道与各组团内部的节点相连，形成"节点放射式"的空间结构（图5-8）。

3. 环形串联式

基于功能分区的方法，建立相对独立的功能组团，通过河流、绿化、步行系统、车行道等开敞空间廊道将各个功能区串联在一起（图5-9）。

5.3.2 道路交通

城市中心地段往往具备公共性强、人车流密集的特征，设计时，顺畅组织人行、车行和静态交通显得尤为重要。

1. 交通组织形式（图5-10）

（1）混合交通形式。

人流、自行车流、机动车流在同一条道路平面上通过。

（2）平面分离交通形式。

将不同性质的交通流在平面上分离，保证人行交通的安全性。在旧城中心改造中，常采取这种形式，如划定步行街区，只允许机动车在街区外围通行。平面分离的交通组织形式的特点是充分利用现有道路，加以交通管控，容易实施。

（3）立体分离交通形式

将不同交通流在不同平面上进行组织，然后利用垂直交通，将它们联系起来，这种交通组织形式既解决了综合性公共中心不同交通的相互干扰，又保证了交通的便捷性和安全性，但建造成本高。

2. 车行道路交通系统规划

城市中心区车流量大，功能混杂，规划中要保证每个功能组团的机动可达性，做到"院院通车"。

地块机动车出入口的个数应根据地块面积和功能类型决定，对于10hm²以下地块，建议开设2个出入口，10~20hm²可考虑开设3个车行出入口，30hm²以内地块车行出入口不宜超过4个，若地块功能较为混合复杂可考虑适当增加出入口数量。地块车行出入口应避免开设在城市主干道上，尽量选择等级较低的城市道路设置出入口，同时出入口位置要求距离城市道路交叉口70m以上。

对于功能相近或联系紧密的组团，应尽量通过车行道串联，如商业、商务、文化等公共性较强的城市服务型功能组团，可以通过环形路网串联，以便相互吸引人流，提升城市中心活力（图5-11）。

对于功能联系较少或相互干扰的组团，如居住和商业组团，可以通过车行道隔离，将地块一分为二，避免相互干扰（图5-12）。

图5-3 城市门户及形象节点

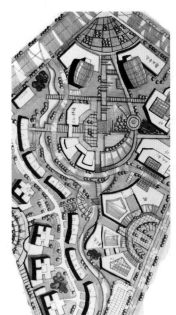

图5-4 通过景观环境强化轴线

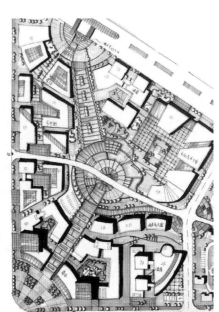

图5-5 通过建筑界面强化轴线

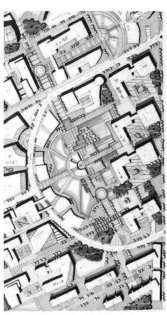

图5-6 轴线对称式空间结构

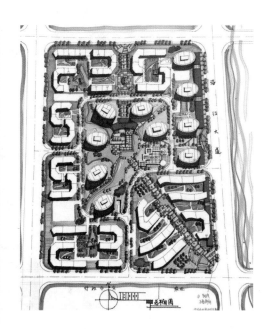

图5-7 轴线转折式空间结构

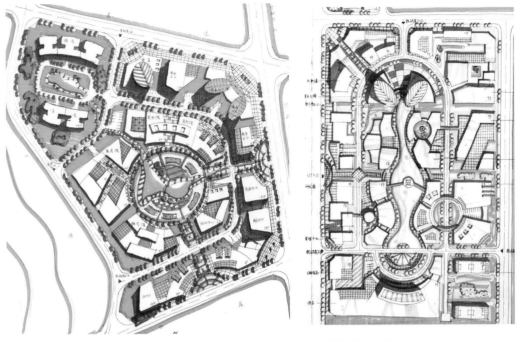

图5-8 节点放射式空间结构　　　　图5-9 环网串联式空间结构

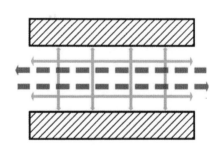

a.混合交通形式

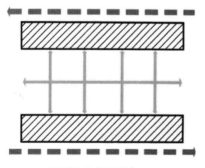

b.平面分离交通形式

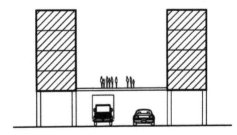

c.立体分离交通形式

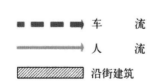

- - - ➔ 车　　流
　　　➔ 人　　流
▨▨▨ 沿街建筑

图5-10 城市中心区交通组织的三种基本形式　图片来源：城市规划资料集（六）.中国建筑工业出版社.2003

3. 人行道路交通系统规划

在设计中，人行交通的组织应该与步行系统和开敞空间系统设计存在呼应关系。同时，由于中心区人车流密集，规划设计中既要考虑人行交通与车行交通的分离，也要考虑两者的衔接，在商业街区人行出入口应配置必要的停车空间。在设计技巧上，简单的车行道路系统搭配复杂的人行道路系统，反之亦然，避免杂糅繁复。

4. 静态交通规划

关于静态交通的组织，首先要注意题目中给出的停车位数量或停车率的指标。如果没有明确规定，应按照城市中心区停车位设计规范0.5-1.0 个车位/100m² 配置。城市中心区静态交通应把大部分停车空间安排在地下，以提高土地的综合使用效率，可将少部分地面停车安排在大型公共建筑物背面或支路两侧，解决临时停车需求，但尽量不安排路内停车，以免影响街道景观和交通流的通畅（图 5-13）。

此外，诸如影剧院、文化馆、美术馆等独立文化事业单位需要有独立车型系统和静态交通系统，避免和公共停车场混用。

根据相关设计规范，小型机动车停车位尺寸为3m×6m，大巴停车位尺寸为 4m×10m，车道宽度为6m。地下车库设计中，停车容量在 50 辆以下的车库设单车道坡道出入口，出入口尺寸 4m×20m，50~100 辆的设双车道坡道出入口，出入口尺寸 6m×20m，100 辆以上的应考虑设置多出入口，地下车库出入口距离城市道路红线不应小于 7.5m。地下车库停车率按照30m²/辆计算（图 5-14）。

5.3.3 建筑设计

对于城市中心快题设计，建筑单体选型很重要。公共建筑功能多样，形式丰富，这是城市功能和文化多元化的表现，也是城市开放包容的体现。但要注重建筑形式的整体性，丰富但不杂乱，可以尝试在表达中运用统一的装饰元

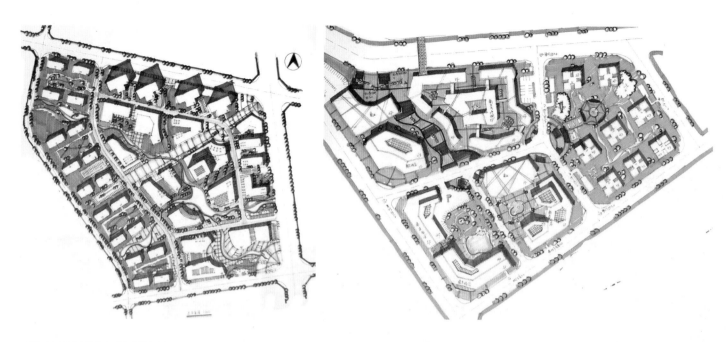

图5-11 环形路网来串联商业等组团　　　　　　　　　图5-12 T形路网，用于分隔相互干扰的组团

素，如蓝色玻璃顶（突出或嵌入），屋面廊架，甚至建筑之间可用片墙等相连。建议最好备一些好的建筑选型，以作备考之用。

　　建筑群规划布局应注重整体性，通过道路、景观系统将用地划分成若干组团，组团内的建筑形态和空间组合形式应能直观反映组团功能，组团间在建筑组合技巧上也应存在关联性。商业步行街是一种特殊的商业建筑组合形式，在城市中心快题设计中经常出现。步行街两侧的店面为小体量组合建筑，单个店面的进深在10~15m左右，开间为5~8m，层数在2~3层居多，少数节点标志性建筑可做到4~5层。步行街设计的重点在于通过店面围合出收放有序的步行空间，每隔200m应设置一个供行人休息的放大节点空间，且步行街的长度控制在600~800m较为合适。考虑到行人的视野范围，步行街的街道高宽比控制在1:1~1:1.5较为合适，此时人的视线多注意两侧建筑，街道围合感较强（图5-16）。

　　建筑表达方面，针对重要建筑、标志建筑可以着重刻画，从高度、形式、材质、用色等方面区别于其他建筑（图5-17）。通常来说，建筑在画面上做留白处理，并通过加阴影的方式，加强建筑的三维立体感，与平面景观环境形成视觉高差，建立明确的图底关系，突出建筑布局（图5-15）。

5.3.4 景观环境

1. 广场

　　广场作为城市中心区聚集人气的地方，是一个城市活力的体现。设计中应注意广场与周边建筑实体衔接，通过建筑围合出开敞空间，避免脱离环境的符号化表达（图5-18）。

2. 水景

　　包括水系、水池、水渠等，可通过对水的动静、起落等处理手法活跃城市中心区空间气氛、增加空间的连贯性和趣味性，置水景时应将自然水岸和人工水岸结合运用（图5-19）。

3. 绿化

　　绿化主要包括树木、草坪、花坛等内容，是城市中心区景观形象的重要组成部分，通过不同的配置方法和裁剪整型，能营造出不同的环境氛围（图5-20）。

4. 铺装

　　铺装代表硬质景观，多运用在人流聚集量较大的公共中心和轴线设计上，起到直观展现方案空间结构的重要作用。快题设计中，可以通过布设不同颜色的铺装，引导功能区的划分，但在色彩运用上要保证与图面整体色调协调统一。

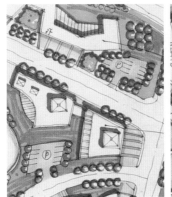
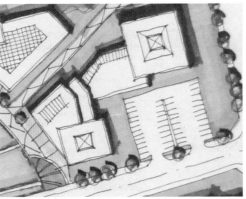
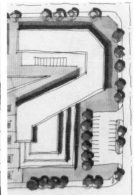

图5-13 停车位的画法

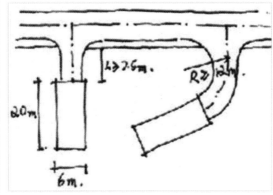

图5-14 地下车库出入口画法

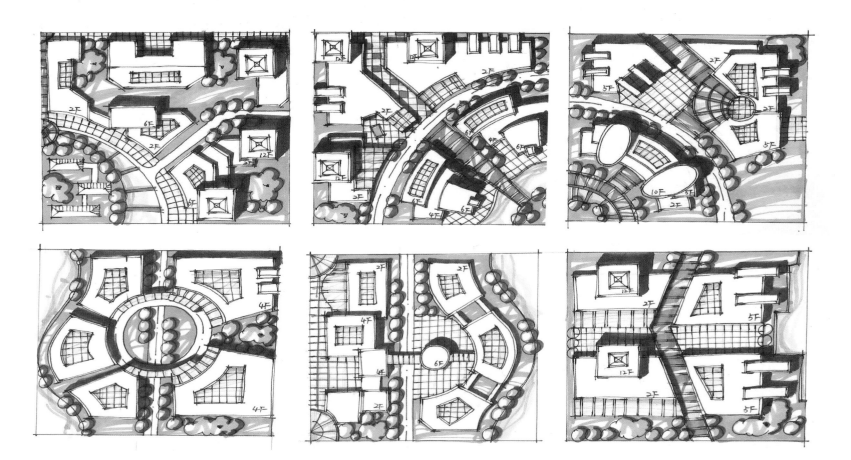

图5-15 建筑群体规划布局

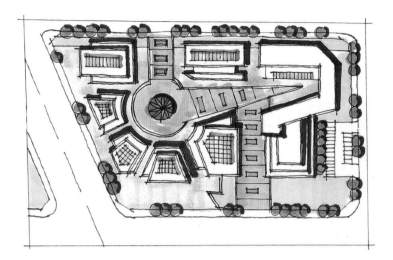
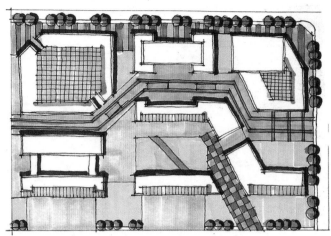
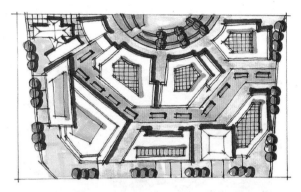
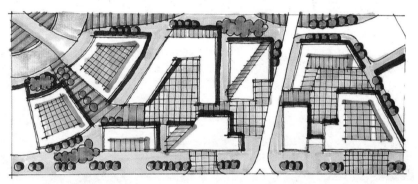
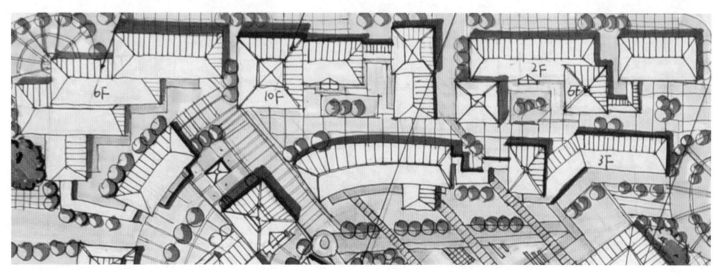

图5-16商业步行街

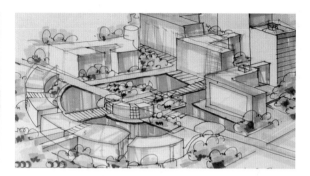

图5-17建筑设计示例

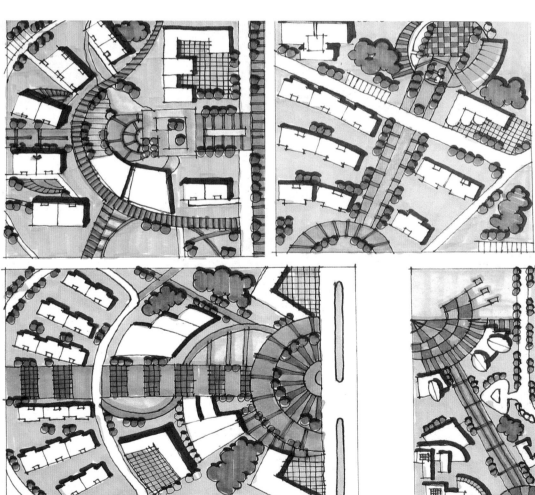

图5-18 广场铺装设计示例

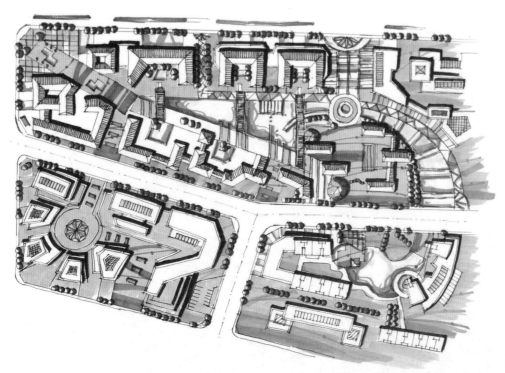

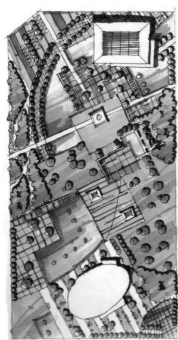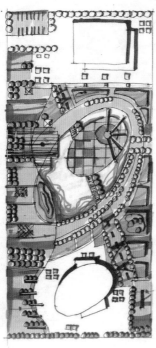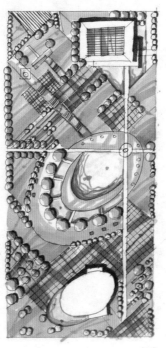

图5-19 水体景观设计示例

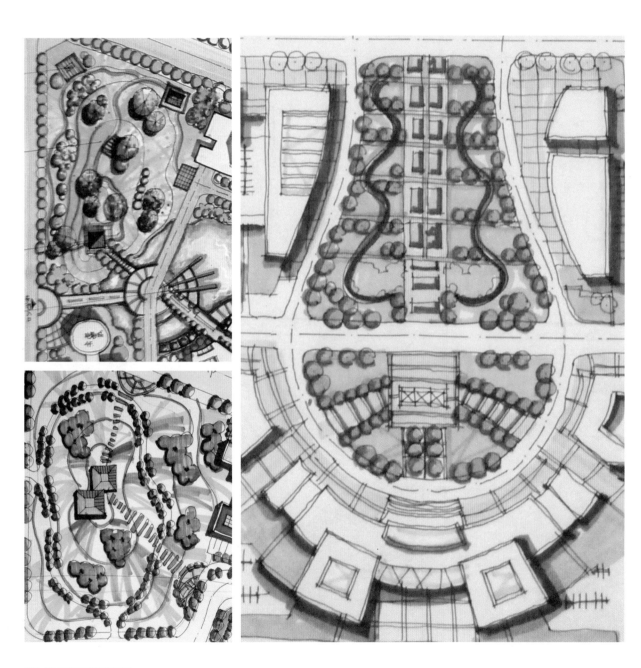

图5-20 绿化景观设计示例

5.4 城市中心区规划快题设计案例主板

5.4.1 | 华中科技大学 2010 年研究生入学试题

某滨海城市新区文化中心规划设计

一、基地现状

该地块位于某滨海城市的新区，是新区中心的重要组成部分，总规划用地面积约 13.6hm²。基地的具体情况详见附图。

二、开发建设内容

①图书馆；②美术馆；③群艺馆；

④文化广场；⑤商务办公；⑥商品住宅；

⑦其他需要设置的设施（结合规划设置）。

三、规划设计条件

①总容积率：2.0；

②建筑密度：小于 28%；

③绿地率：大于 35%；

④住宅日照间距系数：1：1；

⑤停车泊位：住宅按 0.5 个 / 户配置；

公共建筑按 0.5 个 /100m² 配置。

四、设计要求

①协调基地周边环境；

②有机组织内部功能；

③充分尊重现状基地地形环境，营造特色空间景观。

五、规划设计成果要求

图纸尺寸为 A1 规格，表现方式不限：

①规划总平面图 1:1000；

②规划结构及交通流线（含静态交通）分析图（比例不限）；

③局部鸟瞰或透视图（比例不限）；

④技术经济指标及设计说明。

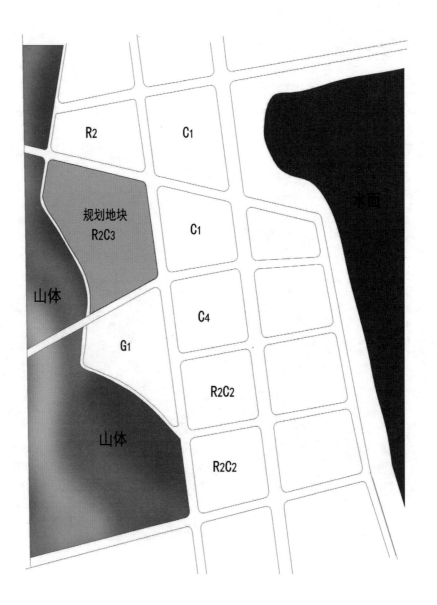

题目解读：

1. 根据周边地块用地性质，组织地块内部功能分区；

2. 结合山体、水系等自然环境进行景观设计，并考虑山体作为城市重要生态节点的服务性；

3. 居住功能和公共功能的分离与联系；

4. 地块的道路系统组织应考虑到各功能组团的均衡服务性；

5. 不规则地块的建筑布局和空间结构组织应和地块边界有所呼应。

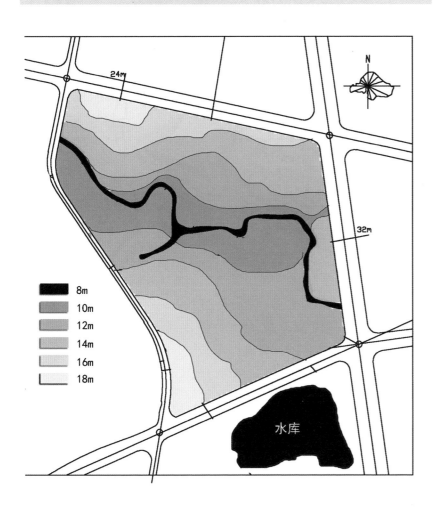

■	8m
	10m
	12m
	14m
	16m
	18m

水库

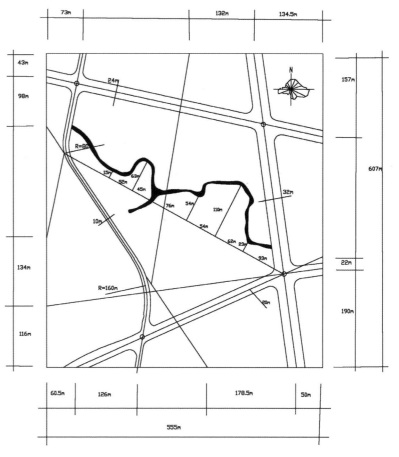

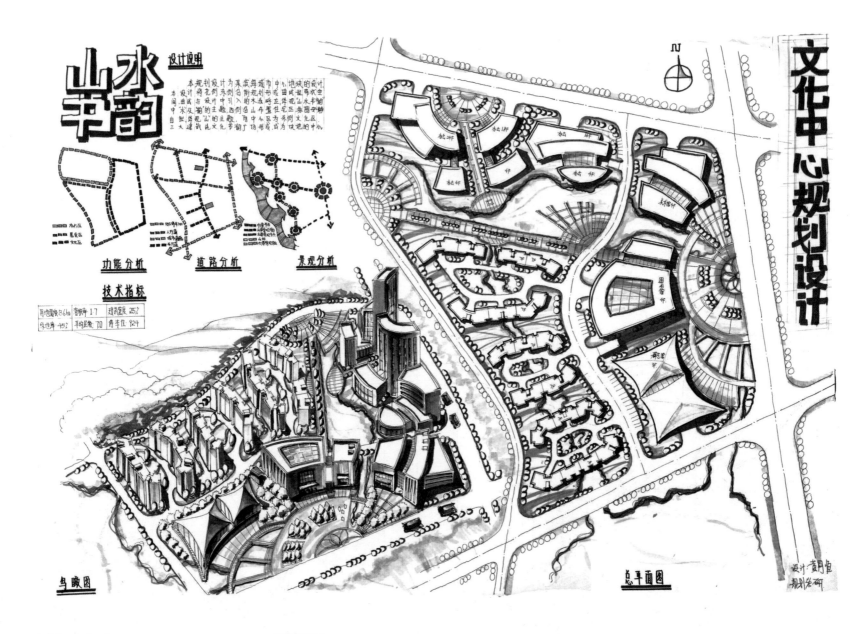

山水书韵

设计说明

功能分析　道路分析　景观分析

技术指标

| 用地面积 15.6ha | 容积率 1.7 | 建筑密度 25% |
| 绿地率 45% | 平均层数 7.0 | 停车位 924 |

文化中心规划设计

鸟瞰图

总平面图

实例5.4.1-1

作　者　黄月恒
学　校　沈阳建筑大学
作业时间　6小时
图纸尺寸　1号图纸
学习时间　2011绘世界寒假班

设计评价

　　方案在设计和表现两方面都是比较有特色的。在方案的设计方面，在基本分区和空间架构合理的前提下，对于轴线的添加、弧线的应用、场地细节、驳岸的处理等方面，都表现出考生在建筑形体、空间组织、景观设计技巧上的熟练驾驭能力。此外，熟练流畅的线条和独特的色彩也反映出考生较强的快题表现能力。是一份不错的快题设计作品。

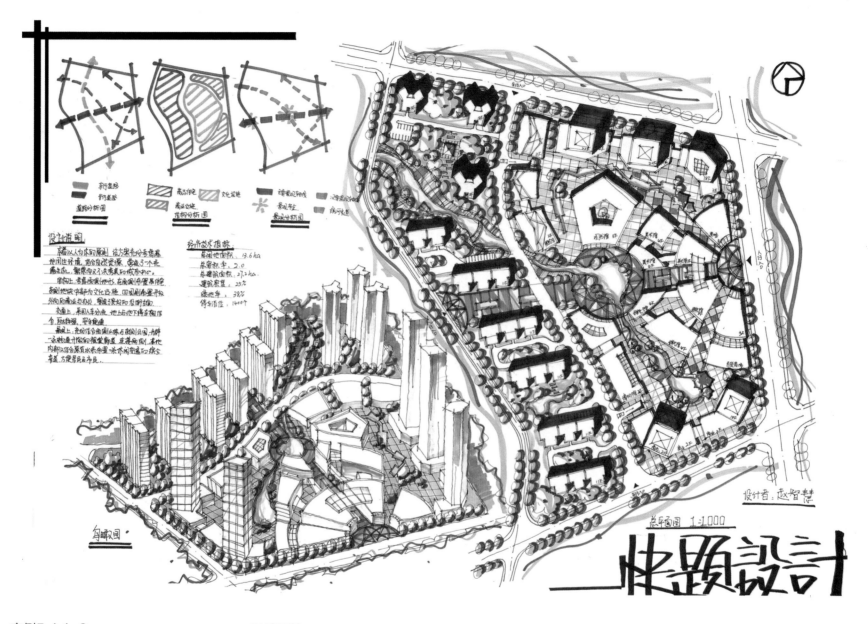

实例5.4.1-2

作　者 赵智慧
学　校 信阳师范学院
作业时间 6小时
图纸尺寸 1号图纸
学习时间 2013绘世界寒假班

设计评价

　　该方案功能分区明确，空间结构清晰。不足之处在于，居住空间的道路组织上，未考虑居住功能的私密性，与区内主干道有两个以上直接相接的出入口。

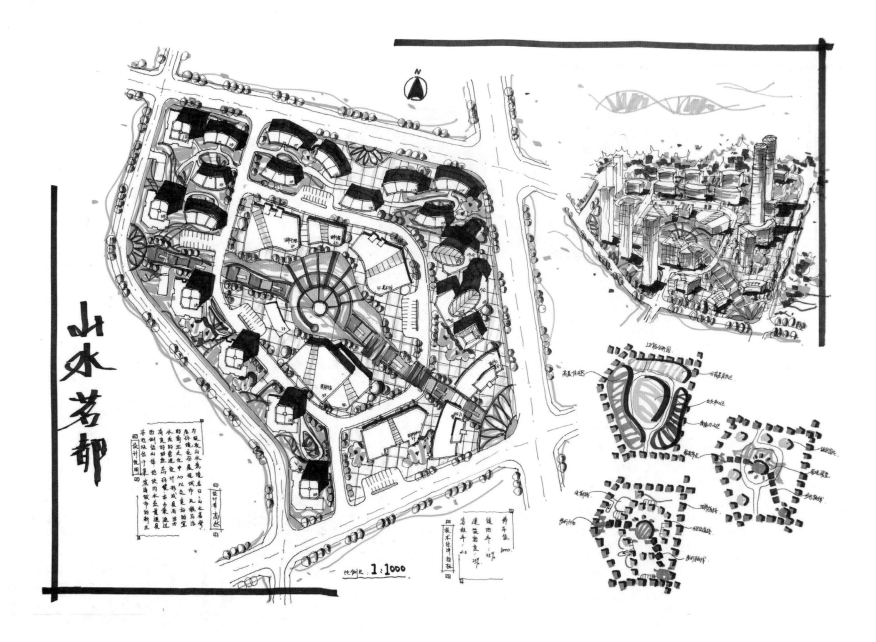

实例5.4.1-3

作　者	高然
学　校	四川农业大学
作业时间	6小时
图纸尺寸	1号图纸
学习时间	2013绘世界寒假班

设计评价

　　该方案结合环形路网，构建空间重心，将公共功能的建筑集中布置在环路网内，功能分区明确。但值得考生思考的是，该方案的公共建筑服务范围是城市而非小区，应结合路网将公共功能建筑外向布置。

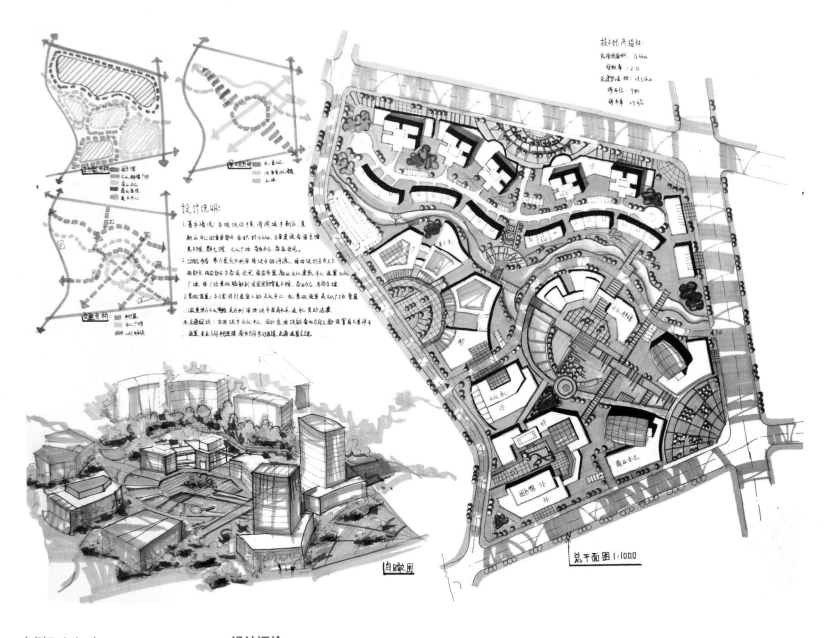

总平面图 1:1000

鸟瞰图

实例5.4.1-4

作　者	卢婉莹
学　校	西安外国语大学
作业时间	6小时
图纸尺寸	1号图纸
学习时间	2013绘世界寒假班

设计评价

通过建筑形体和组合形式区分组团的功能性质，并通过斜向的轴线和水系串联各功能组团，方案整体性好并富有变化，在景观环境的处理方面，本方案有许多值得借鉴的地方，通过对已知基地自然环境的灵活运用，创造出丰富多变的景观环境，在轴线的设计上运用了虚实结合的手法，使得长轴线一样能够富有变化。整幅图色调淡雅而有重点，排版疏密得当，若能加强文字在构图中的分量，图面效果会更好；鸟瞰图简洁明了，突出了节点空间。

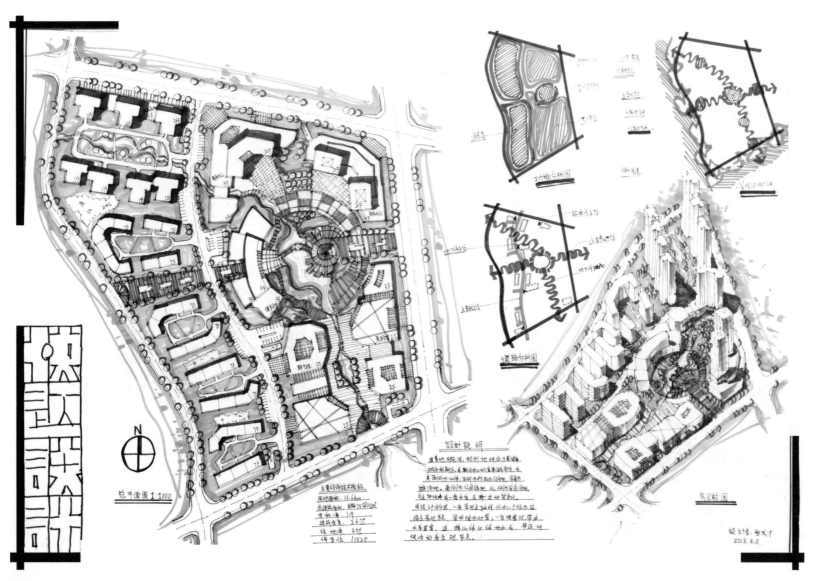

总平面图1:1000

实例5.4.1-5

作　者　张成才
学　校　安徽科技学院
作业时间　6小时
图纸尺寸　1号图纸
学习时间　2013绘世界寒假班

设计评价

在空间布局方面，方案的整体性较好，建筑的组合"成团成组"，组团感很强，同时通过建筑之间的连廊，加强了各个功能组团之间的联系。在建筑设计方面，方案通过"大建筑"和"小建筑"的交替使用，从体量上区分了建筑的功能，能够帮助评图者更直观的了解方案的功能组织，但建筑整体体量偏小，这是对于小地块的城市设施中常出现的问题。在景观环境的处理上，本方案对山顶公园进行了独具一格的人工化处理，与方案整体的现代风格较为一致。快题表达方面，图面的排版较丰满，但仍应注意文字处理上不要过于随意。

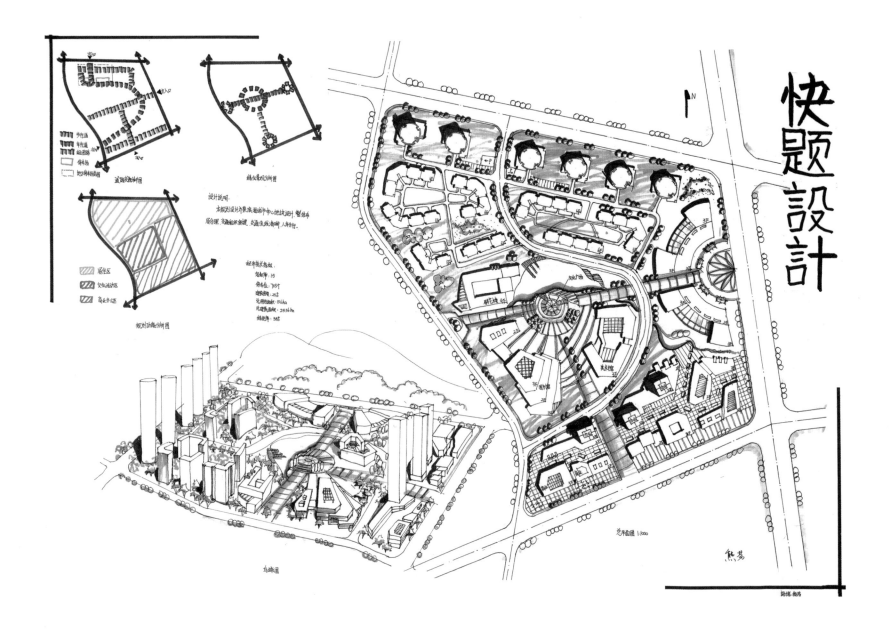

快题設計

实例5.4.1-6

作　　者	熊芬
学　　校	湖南文理学院
作业时间	6小时
图纸尺寸	1号图纸
学习时间	2013绘世界暑假规划强化班

设计评价

　　本方案在空间构架方面，同样是依托道路网组织功能布局，功能分区明确，在基本分区合理的前提下，对于轴线的走向处理仍存在值得推敲的地方，相比道路系统，轴线在本方案中的空间构架地位不明显，轴线方向没有依据，更没有起到联系功能组团的作用。针对本方案的改进意见是，弱化轴线，通过硬质铺地突出文化中

心的地位，转而采用中心放射式的空间结构。建筑设计与功能相匹配，公共建筑的形体丰富多样，居住建筑的形体简单；此外，在场地与景观的设计深度上也能看出考生较好的设计功底。

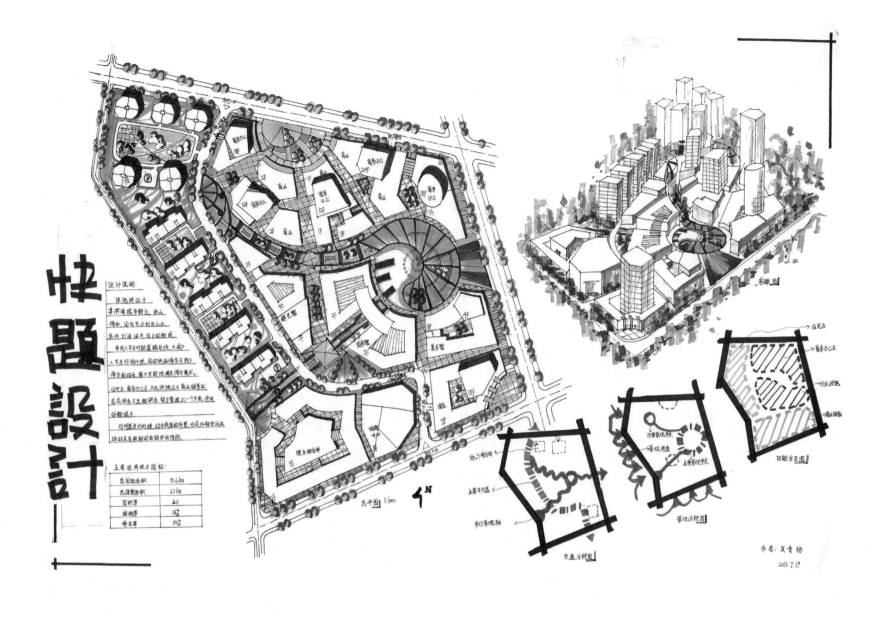

快题设计

设计说明：

主要经济技术指标：

总用地面积	13.6ha
总建筑面积	27ha
容积率	2.0
绿地率	30%
停车率	30%

总平面图 1:1000

交通分析图

景观分析图

功能分区图

作者：吴青杨
2013.7.19

实例5.4.1-7

作　　者　吴清杨
学　　校　信阳师范学院
作业时间　6小时
图纸尺寸　1号图纸
学习时间　2013绘世界寒假班

设计评价

　　本方案轴线清晰，组团感强烈，采用了"三轴两心"的景观设计方法，将各组团紧密的联系在一起。建筑选型能充分利用轴线的划分空间，建筑与建筑的联系不是太密切，如果商业建筑之间通过连廊形成联系，这样整体性会更强。商业建筑体量偏小，商业建筑被切割的过于分散。居住充分利用山体的良好地势，布局合理，具有较强的空间节奏感。从整体上看，居住与商业联系密切，道路充分利用基地地形，动静交通的处理不是很完善，如果能更好的结合道路去设计停车场，整个方案会更加完美。

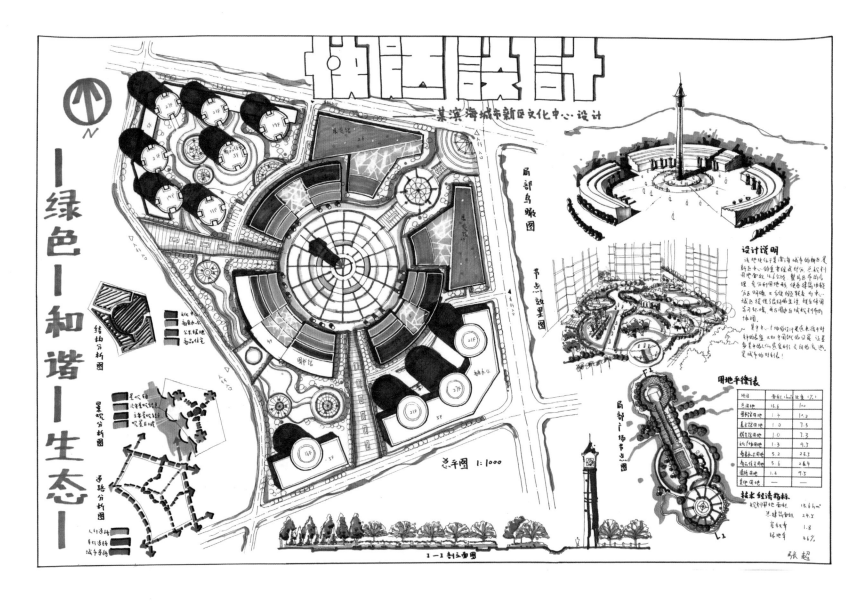

实例5.4.1-8

作 者 张 超
学 校 山东理工大学
作业时间 6小时
图纸尺寸 1号图纸
学习时间 2011绘世界寒假规划班班

设计评价

　　本方案的设计符号是"圆"，这一元素重复出现在建筑、广场、景观造型中，成为方案的标志和特色，十分新颖，也很容易吸引阅卷老师的眼球。从方案的整体构思和表达技巧上可以看出，考生的平面设计功底很强，对于图案组合和细节设计的技巧掌握的十分娴熟，平面上画面感很强，环境和实体空间比例协调。然而，

这类方案，阅卷老师最看重的是方案的合理性，从建筑形式上看，本方案采用的多为小体量高层建筑，与文化建筑的功能存在出入，更像是居住区设计，同时对于北边的居住片区也存在明显的日照问题，这类硬伤很容易断送作品的前途。

5.4.2 华中科技大学 2009 年研究生考试试题

南方水网城市中心设计

一、基地现状

该地块位于南方水网地区某城市新区，是新区中心的重要组成部分，总规划用地面积约 8.28hm²。基地的具体情况详见基地地形图。

二、开发建设内容

①商务办公约 1.5 万 m²；

②四星级酒店约 2.5 万 m²；

③购物中心约 1.5 万 m²；

④特色商业街约 2.0 万 m²；

⑤商品住宅（规模自定）；

⑥街头公园（结合规划设置）；

⑦其他需要设置的设施（结合规划设置）。

三、规划设计条件

①总容积率：2.5；

②建筑密度：小于 28%；

③绿地率：大于 35%；

④住宅日照间距系数：1:1；

⑤停车泊位：住宅按 0.5 个 / 户配置；公共建筑按 0.5 个 /100 m²。

四、设计要求

①协调基地周边环境；

②有机组织内部功能；

③展现城市中心特色景观。

五、规划设计成果要求

图纸尺寸为 A1 规格，表现方式不限。

①规划总平面图 1:1000（105 分）；

②规划结构及交通流线（含静态交通）分析图（15 分）；

③局部鸟瞰或透视图（15 分）；

④技术经济指标及设计说明（15 分）。

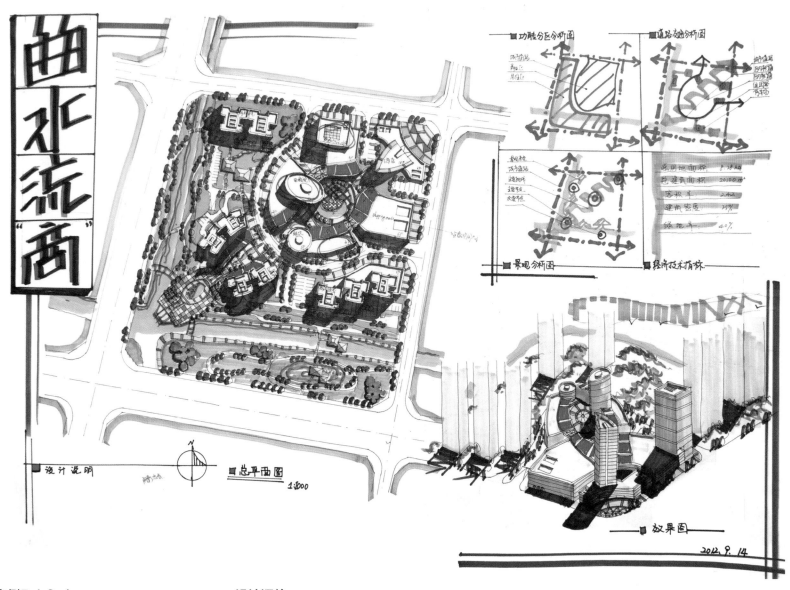

实例5.4.2-1

作　　者 祝晓萧
学　　校 华中科技大学
作业时间 6小时
图纸尺寸 1号图纸
学习时间 2013绘世界寒假班

设计评价

　　方案构思有一定特色，通过对角线步行商业界面的着色处理，突出主轴线。在道路系统设计上，采用挂钩式的U形路网，由于地块较小，两个车型出入口足以满足区内交通需求。方案的不足之处主要在建筑设计方面，首先不同使用功能的建筑单体，尺度和造型上的差异并没有反映出来，其次，建筑组合缺乏组团感，尤其是西南角的居住组团过于维护轴线走向，未能形成组团感很强的建筑群体，同时也牺牲了建筑朝向，若能扩大组团规模形成南北向的方形居住组团，会增加图面的完整感。

水岸·馨都

城市中心规划设计

总平面图1:1000

规划设计理念

地块的引入 → 地块的剪切 → 地块的拼接 → 内部空间的形成

实例5.4.2-2

作　者　戴利斌
学　校　哈尔滨工业大学
作业时间　6小时
图纸尺寸　1号图纸
学习时间　2011绘世界寒假班

设计评价

　　该方案结构清晰，总体布局合理，采用一对十字垂直轴线引导功能分区，并在轴线中央设置公共广场作为地块中心。在功能组团内部采用围合布局，通过建筑群体的组合形成独立的功能区块，并保证每个区块内拥有自己的中心场地。景观环境设计很丰富，表现手法细致娴熟，对建筑的细部处理也很到位，但为了突出图底关系，简易建筑的平面表达上多采用留白手法，更能反映建筑的空间布局。作为快题考试一般不要求考生在效果图表现上达到这样的深度，但应配备题目中给出的分析图，使阅卷老师能够清晰直观的领会设计者的设计意图。

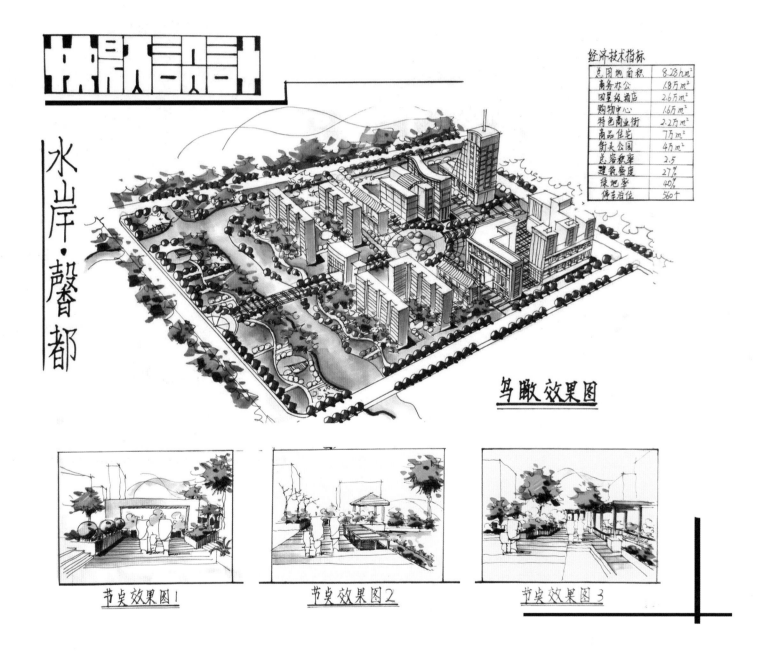

快景设计

水岸·馨都

经济技术指标	
总用地面积	8.28 hm²
商务办公	1.8万m²
四星级酒店	2.6万m²
购物中心	1.6万m²
特色商业街	2.2万m²
商品住宅	7万m²
街头公园	4万m²
总容积率	2.5
建筑密度	27%
绿地率	40%
停车泊位	560个

鸟瞰效果图

节点效果图1 节点效果图2 节点效果图3

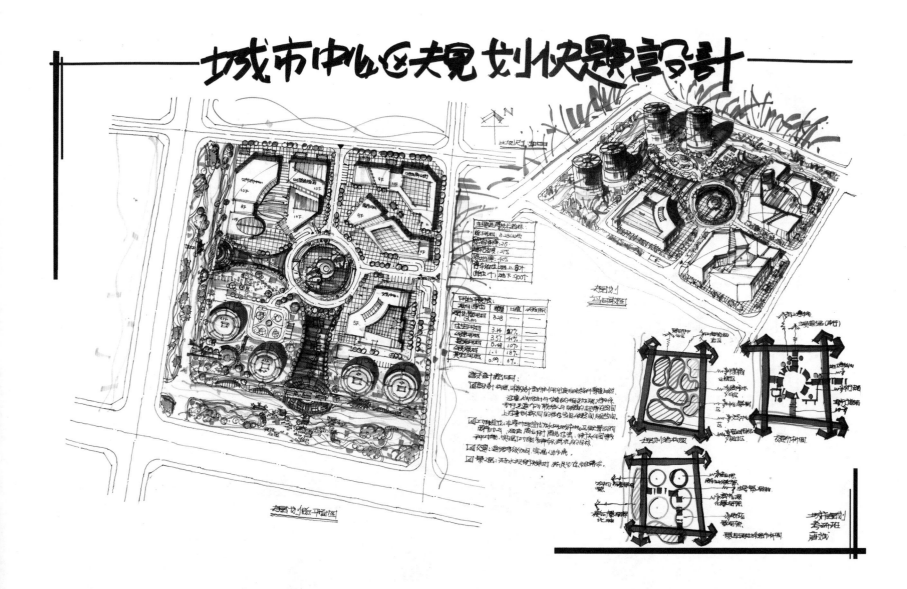

实例5.4.2-3

作　者	唐斌
学　校	华南理工大学
作业时间	6小时
图纸尺寸	1号图纸
学习时间	2013绘世界寒假班

设计评价

　　本方案以圆形交通环岛为核心，以垂直轴线为分隔，将地块划分为四个功能组团。不足之处主要体现在两方面，首先是对组团内部空间划分过于散乱，建议采用地块切割法布置建筑，并尽量在每个组团内部围合形成组团中心；其次，在画面表达方面，底色太浅，并且马克笔上色手法还需要加强联系。

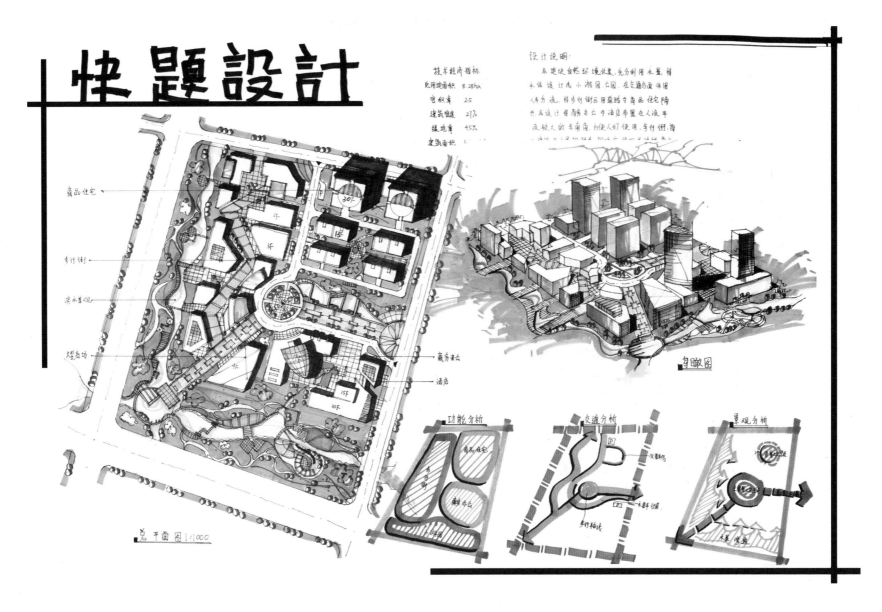

实例5.4.2-4

作 者	卢婉莹
学 校	西安外国语大学
作业时间	6小时
图纸尺寸	1号图纸
学习时间	2013绘世界寒假班

设计评价

该方案的亮点在于对滨水开放空间的设计，和其他作品原封不动保留水系的做法不同，该方案巧妙的对现状水系周围的景观环境进行了细化处理。并依据水系确定轴线和中心的位置，从而确定功能分区。在建筑设计方面，建筑形式很好的反映了建筑功能，东南地块的商务建筑形体还可以更大气简洁，和其他商业建筑形成更鲜明的对比。鸟瞰图简洁明了，突出了建筑临水逐渐跌落三维空间关系，以此反映作者清晰的设计思路。

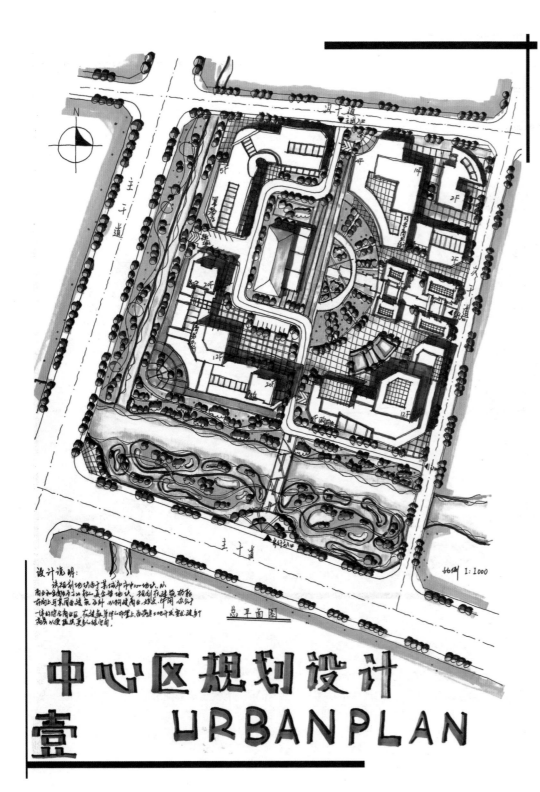

设计说明：
该规划地块位于某城市中心地块，地块北邻城市次干道，西靠城市主干道。规划在建筑形态方面注重互相围合，造型丰富，以钢筋商业、娱乐、中间、休闲为一体的综合商业区，在建筑群体布置上考虑地块开发强度，提高建筑密度，以便留出更多绿化空间。

总平面图

比例 1:1000

实例5.4.2-5

作　者	李义萌
学　校	天津城市建设学院（现为武汉大学硕士）
作业时间	6小时
图纸尺寸	1号图纸
学习时间	2011绘世界寒假班

设计评价

该方案空间结构整体感强，结合绿心和标志性建筑的组合布置，突出方案中心，其余配套建筑围绕中心布置。值得注意的是，作为10公顷左右小地块，机动车出入口不宜超过2个，避免对城市干道造成不必要的干扰。

中心区规划设计
URBANPLAN
壹

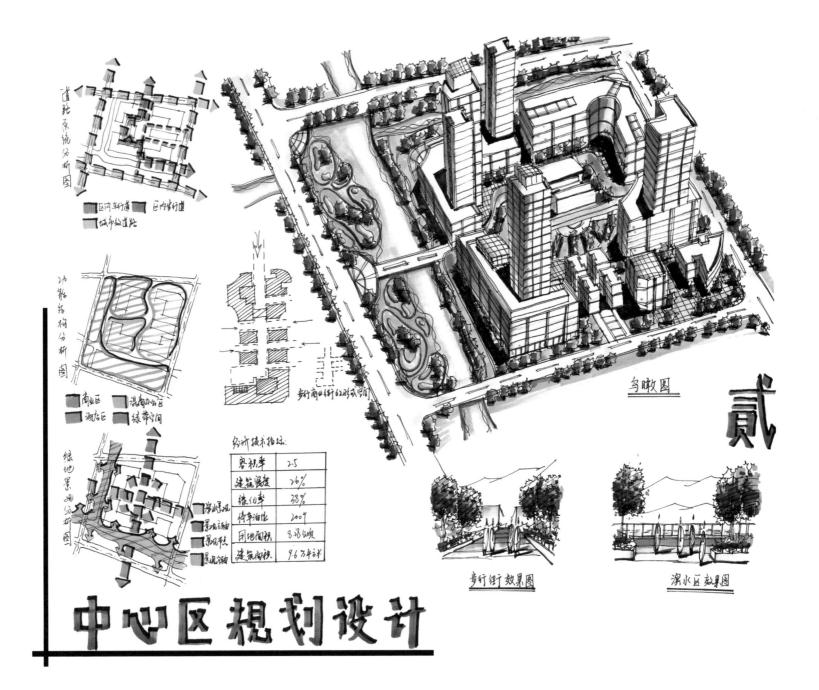

道路系统分析图

区内车行道　区内步行道
城市级道路

功能结构分析图

商业区　混合办公区
湖居区　绿带空间

绿地景观分析图

滨水景观
景观主轴
景观节点
景观次轴

步行商业街的形成空间

规划技术指标：

容积率	2.5
建筑密度	26%
绿化率	38%
停车泊位	200个
用地面积	8.86公顷
建筑面积	9.6万平方米

鸟瞰图

贰

中心区规划设计

步行街效果图

滨水区效果图

5.4.3 （华南理工2012年规划专业研究生入学试题）

火车站 站前规划设计

一、基地

城际铁路通过山区某小城市，在距现有市中心以南约1km处新建了火车站，请规划站前区。基地毛用地面积9.75hm²（含部份道路面积）。地势平坦，周边情况及具体尺寸见附图：基地北侧是24m道，东侧和南侧是16m道路，南侧道路与舞阳河之间有10m宽绿化带，西侧是城际铁路的火车站（高架站台）和铁路高架桥（轨顶标高比基地高10m），铁路以西是云麓山（峰顶高出基地60m）。

二、规划设计内容

①站前集散广场，面积1公顷以上，可根据需要设置连廊雨棚、钟楼、雕塑小品等；

②长途汽车客运站，用地面积0.8hm²，站房建筑2000m²；

③市内公交总站，用地0.5hm²；

④出租车站，含可容30辆出租的等候区；

⑤火车站接送旅客用的社会停车场，不小于120个标准小车位；

⑥商贸中心，建筑面积20000m²，配建80个标准小汽车停车位；

⑦三星级宾馆，建筑面积15000m²，配建60个标准小汽车停车位；

⑧必要的公共绿地，总面积不小于1hm²。

三、规划设计要求

①合理布局各项用地，根据需要设计场地内的道路；

②合理组织各种交通流线，为旅客提供便捷舒适的换乘条件；

③注重山水城市格局和城市门户的形象；

④商贸中心和宾馆配建停车位采取地下停车库形式的，须在总平面图上表示出地下停车库范围和出入口车道位置；

⑤建筑退让道路红线不小于3m，建筑间距符合防火规范的要求。

四、图纸要求

①总平面图（1：1000）；

②空间效果图，不小于A3幅面；

③交通流线分析图（比例自定）；

④简要规划设计说明和技术经济指标。

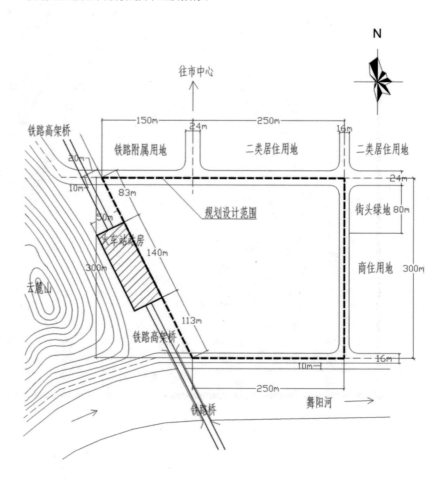

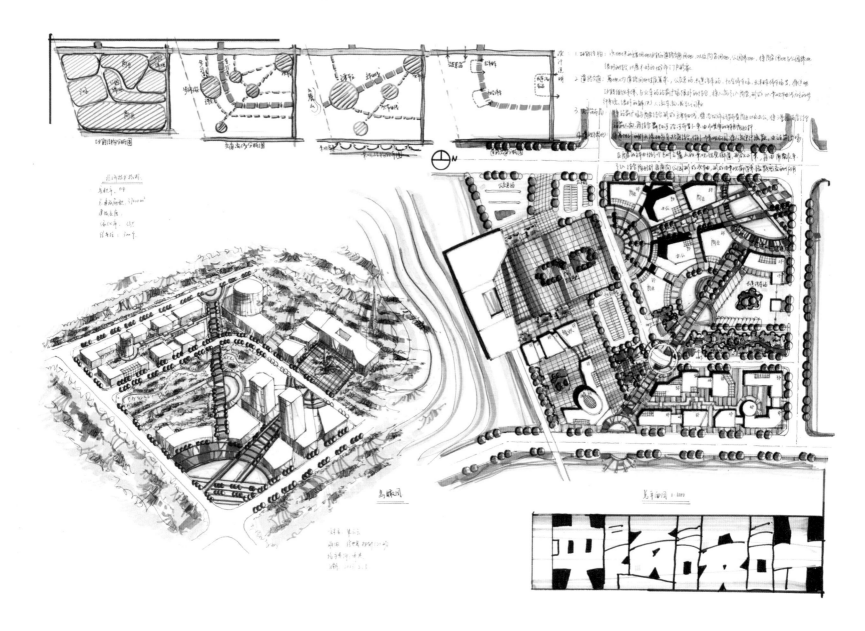

鸟瞰图

总平面图 1:1000

实例5.4.3-1

作　　者 朱云云
学　　校 安徽建筑大学
作业时间 6小时
图纸尺寸 1号图纸
学习时间 2013绘世界寒假班

设计评价

　　该方案的特色在于采用了多种风格的建筑元素，既有现代感很强的商务办公建筑，也有地方文化浓厚的仿古商业街，建筑形式好功能配合融洽。但组团和组团之间的联系还是略显薄弱，除轴线外缺乏其他明确的开敞空间系统用于衔接各个组团。景观环境处理上，对轴线的处理过于简单，既没有尺度上的缩放，也没有走向上的转折，使得轴线过长，并且缺乏与周边建筑的对话，仅仅是图案化的表达。整体排满疏密得当，分析图和局部鸟瞰图都处理的较好。

快题設計

——火车站站前区规划设计

鸟瞰图

功能结构分析图

设计说明

总平面图 1:1000

实例5.4.3-2

作　　者 徐仕琳
学　　校 安徽科技学院
作业时间 6小时
图纸尺寸 1号图纸
学习时间 2013绘世界寒假班

设计评价

　　该站前广场周边地区设计方案，构思明确，空间骨架由方案东西斜向的广场景观轴线空间和南北斜向机动车道路空间组合而成，空间骨架对地块进行划分后，形成集散功能广场（配套以公交首末站、出租车站、社会停车场）、商业中心、客流服务酒店、市际交通客运等功能区块，功能布局合理，交通组织有序，景观空间导向明确，收放有致。充分考虑了该方案设计的社会公共性和地块服务的综合性，同时兼顾周边功能地块的影响性及环境的均好性。

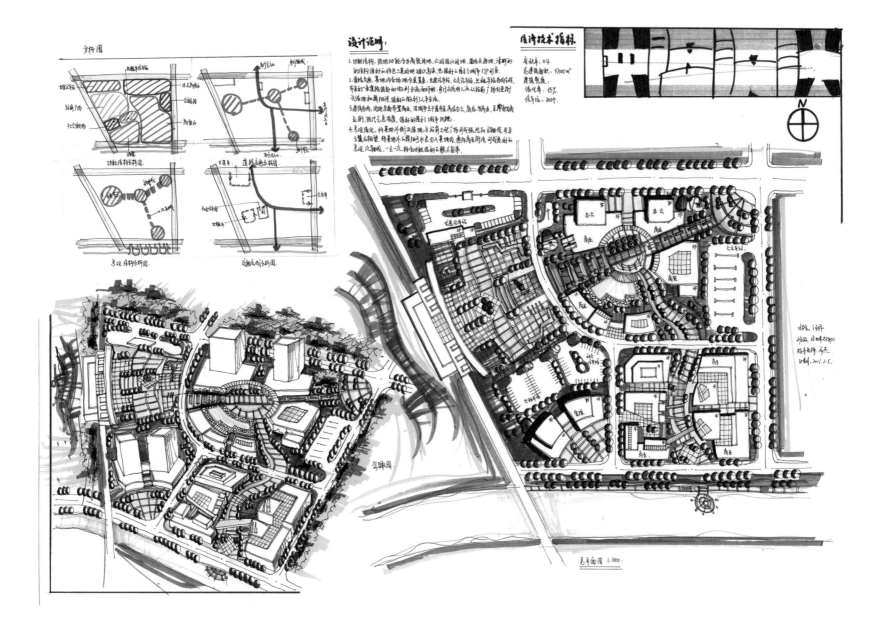

实例5.4.3-4

作　　者 汪丹
学　　校 安徽科技学院
作业时间 6小时
图纸尺寸 1号图纸
学习时间 2013绘世界暑假规划班

设计评价

　　该站前广场周边城市设计方案充分考虑任务书设计要求，空间布局合理，功能划分明确，交通路网组织与步行空间有机结合又不致相互干扰，建筑的形式多样，体量适宜，相应配套合理。些许不足体现在以下方面：

合理的表达应为设计服务，如色彩搭配中需强调方案设计主要空间轴线；建筑形式的多样性与统一性的兼顾；配套设施布局的合理性（占地大小、与周边疏散交通的衔接）。

5.4.4 （同济大学规划专业研究生入学试题）

交通枢纽地区商业中心设计

一、基地情况

项目位于上海轨道交通 1 号线北延伸段，外环与郊环之间，是大都市郊区新城的中心区。东侧蕴川路是城市南北向主干道（红线 50m），北侧友谊路是新城东西向主干道（红线 50m），也是新城东西向发展轴，西侧、南侧为规划次级道路（红线分别为 16m、20m）。轨道线为高架线路，站点位于基地东北角。西侧有蓝线 18m 宽现状河流一条。

现状用地以集装箱储运公司及村镇建设用地为主，不予保留。区域定位部分功能为商业、商务办公、交通集散为主，也可考虑不分居住功能。

二、设计条件

A 地块。用地面积：6.9hm²；

用地性质：商业金融用地；

容积率：2.5。

B 地块。用地面积：7.14hm²；

用地性质：商业金融用地；

容积率：2。

三、成果要求

①总平面图 1:1000；

②表达设计构思的分析图（比例不限）；

③反应空间意向的效果图、轴测图；

④设计说明；

⑤主要技术经济指标。

成果要求画在 3 张 A1 图纸上，配以相关文字说明。

四、时间要求

设计时间为 6 小时。

题目解读

1. 结合轨道站点布置新城中心，考虑轨道站点的瞬时人流问题，在站点附近布置集散广场；

2. 通过道路系统和景观环境系统加强地块间的联系；

3. 题目中明确指出有蓝线保护水系，注意水系周边绿化带的设置；

4. 通过形体和高度区分不同功能的公共建筑。

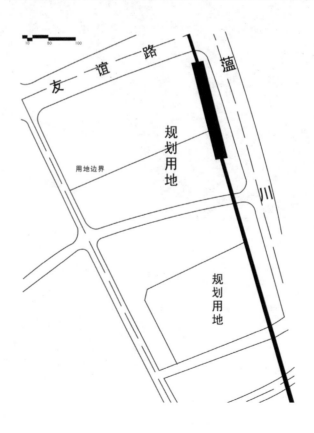

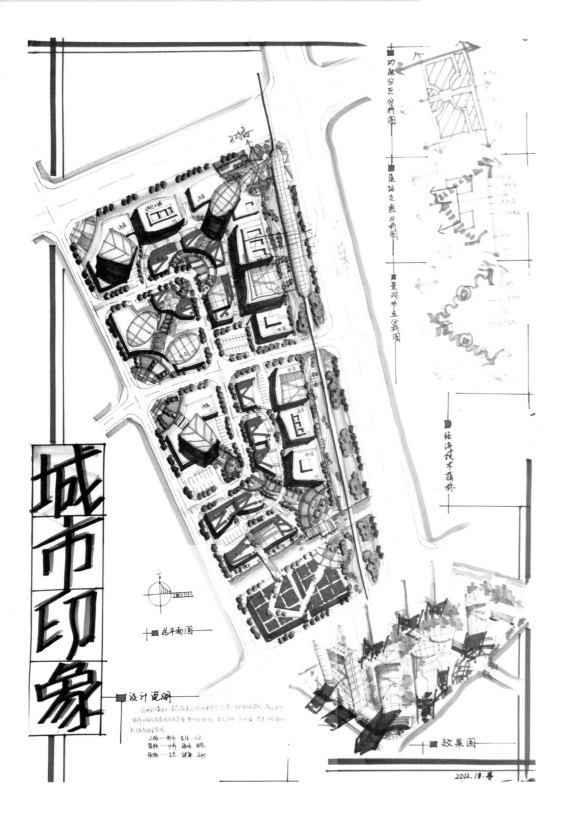

实例5.4.4-1

作　　者　祝晓萧
学　　校　华中科技大学
作业时间　6小时
图纸尺寸　1号图纸
学习时间　2013绘世界寒假班

设计评价

　　方案以一个矩形环路联系南北两个地块来解决内部车行交通，但主环路的服务范围较小，可考虑适当东扩。在建筑形态处理上，设计者采用了组团感较强的建筑群体围合形式，使得方案整体感很强。对于轻轨站与相邻建筑的关系，设计者有独特的考虑，通过架空廊道建立了轨道站点与周边高层建筑的直接对接，成为设计的一大亮点。

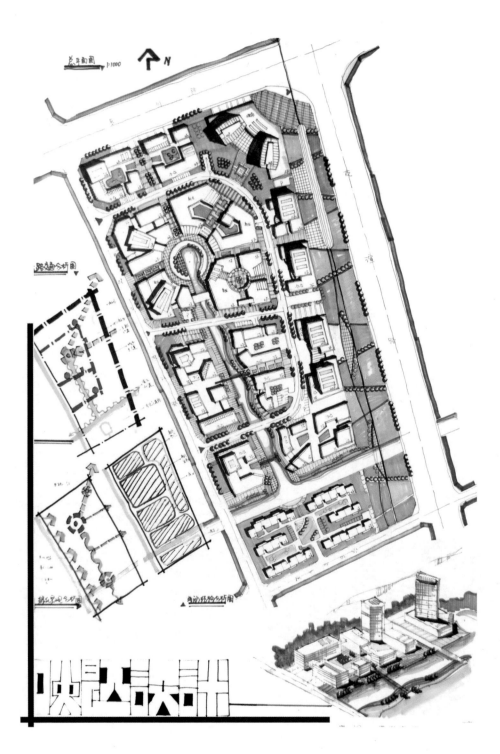

实例5.4.4-2

作　者　何盈佳
学　校　华中科技大学
作业时间　6小时
图纸尺寸　1号图纸
学习时间　2013绘世界寒假班

设计评价

　　道路交通方面，该方案以一个矩形环路联系南北地块，解决区内车型交通，并将车行出入口选在城市次干道上，尽量减少对城市交通的干扰。空间组织和建筑形态设计方面，布局清晰，组团感强，大体量围合建筑布置在环路以内，沿轨道交通线路布置点式高层商务办公，布局合理，且各功能区三维空间特征明显。较为遗憾的是，对轻轨站点与相邻建筑体关系及人流集散组织考虑的较少。

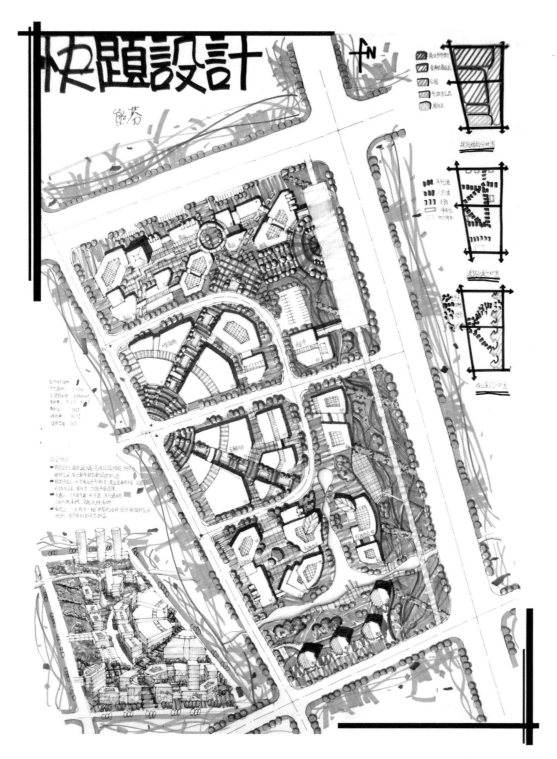

实例5.4.4-3

作　　者　熊芬
学　　校　湖南文理学院
作业时间　6小时
图纸尺寸　1号图纸
学习时间　2013绘世界暑假班

设计评价

　　该方案功能分区明确，空间结构合理。通过矩形环路服务地块内交通，并结合环路打造空间重心，将大体量建筑集中布置在环内。建筑形态与功能关系密切，明确了功能分区，组团内建筑关联性强，增强了方案的整体性。

5.4.5 华中科技大学 2011 年研究生考试试题

某中部地区城市中心区地块规划设计

一、基地现状

规划地块位于某中部地区大城市中心区，紧邻城市交通性主干道和轻轨线。基地北侧为中学和中心公园，西侧有天然河道和街心公园，东南侧为城市居住用地和区级行政办公区域。地块总规划面积 17.2hm²。

二、规划内容

该地块拟结合周边用地现状及交通条件，规划建设轨道交通站点、区级商务办公、酒店、商业文化设施、混合居住用地及绿化景观（含公共空间及广场）。具体开发建议内容如下：

①商务办公、酒店，建筑面积约 14.5 万 m²；

②商业（大型商场或商业街），建筑面积约 5.5 万 m²；

③文化设施（内容自定），建筑面积约 2.8 万 m²；

④住宅（含酒店式公寓或 SOHO)，建筑面积约 7.5 万 m²；

⑤轨道交通站点设施，建筑面积自定；

⑥其他需要布置的设施和场地（结合规划方案设置）。

三、规划控制指标

①总容积率：2.0；

②建筑密度：不大于 40%；

③绿地率：不小于 25%；

④住宅日照间距：1：1；

⑤停车泊位：住宅按 0.5 个/户配置；公共建筑按 0.5 个/100m² 配置。

四、设计要求

①合理安排规划内容和功能区块；

②结合周边交通条件，合理组织基地内部机动车交通和人行交通，并与基地外围交通有机衔接；

③充分尊重基地现状和周边环境条件，营造具有一定特色的城市空间景观。

五、规划设计成果要求

图纸尺寸为 A1 规格，表现方式及图纸数量不限

①规划总平面图 1:1000（详细标注各功能内容）；

②规划结构及交通流线（含静态交通）分析图（比例和数量不限）；

③总体或局部鸟瞰图（比例不限）；

④规划设计说明及主要技术经济指标（应对照总平面列出各项建设内容的建筑面积）。

六、其他说明

①考试时间为 6 小时（含午餐时间）；

②考生不得携带设计参考资料入场；

③总分 150 分。

题目解读：

1. 结合轨道站点布置新城中心，考虑轨道站点的瞬时人流问题，在站点附近布置集散广场；

2. 不规则地块的建筑布局和空间结构组织应和地块边界有所呼应；

3. 居住空间和公共空间的结合与分离；

4. 地块出入口尽量选择在低等级道路上。

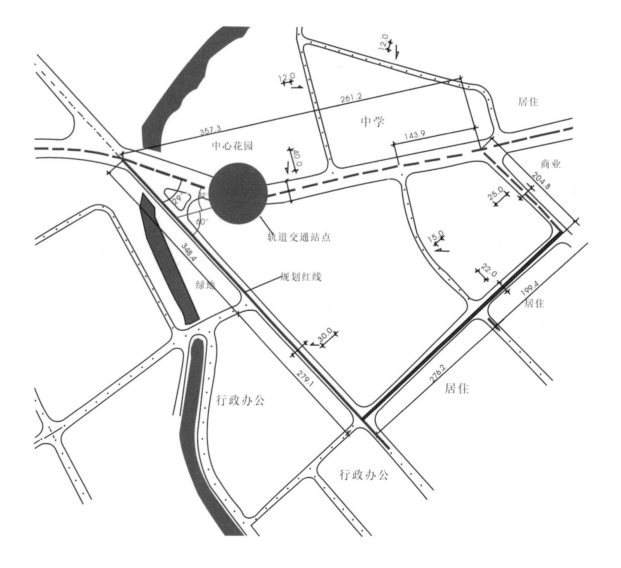

十中心区地块详细城市设计

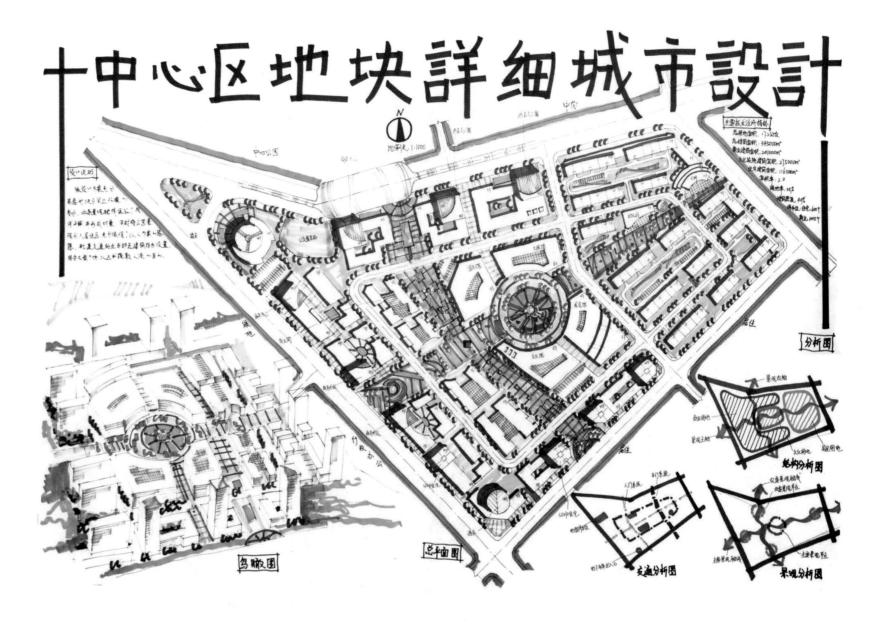

实例5.4.5-1

作　者	吴爽
学　校	长江大学
作业时间	6小时
图纸尺寸	1号图纸
学习时间	2013绘世界寒假班

设计评价

　　该方案通过联系南、北城市道路的车型路将地块一分为二，西地块承载商业、商务、文化、交通换乘等公共性城市功能，东地块作为居住小区；通过梯形环路串联东、西地块的各功能组团，以垂直相交的轴线作为空间骨架，加强方案的整体感，并通过大体量围合式的文化建筑突出中心节点，是一种简易、实用的空间组织方式。不足之处在于，东西向轴线过长、单调，且首-尾处理过于简单，缺乏序列感，可以考虑将轴线打断或适当转折，使方案结构更加灵活。

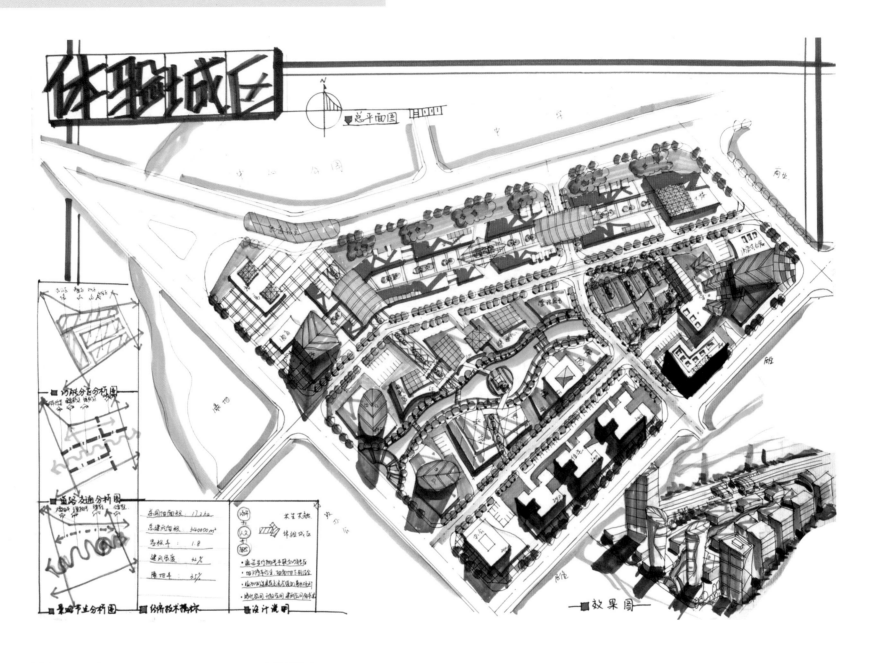

实例5.4.5-2

设计评价

作　　者　祝萧晓
学　　校　华中科技大学
作业时间　6小时
图纸尺寸　1号图纸
学习时间　2013绘世界寒假班

方案通过道路和景观环境，将地块切割成相互平行的三条东西向带状功能区，通过南北向的一条车行道联系三个组团，并着重塑造中间组团的带状景观环境，形成东西向的景观轴线。从空间结构上分析，方案过于强调东西向的功能联系，而忽视了南北向的空间联系，使得带状功能区成为基本的功能单元。道路交通组织方面，地块出入口过多，对于开间-进深比较均匀的大体量地块，最好能使内部道路成环，既能保证交通系统的完整性、最大程度的服务地块，又能减少对城市交通的干扰。

总平面图1:1000

实例5.4.5-3

作　者 卢婉莹
学　校 西安外国语大学
作业时间 6小时
图纸尺寸 1号图纸
学习时间 2013绘世界寒假班

设计评价

　　该方案的亮点是清晰的空间结构，南北向道路将地块一分为二，西地块承载商业、商务、文化、交通换乘等城市服务功能，东地块作为居住小区；通过一条贯穿东西的车行道联系两大功能地块。设计的重心放在西边的城市公共中心地块，通过一条折线轴串联轨道站点、中心广场和南段人行入口，再将地块细分为三个功能组团，最后通过步行系统联系；东边居住板块尽量做得简单，形成东、西地块组团形式、建筑风格上的差异，更直观的反映功能格局。东西向道路过窄，级别可以适当提升。

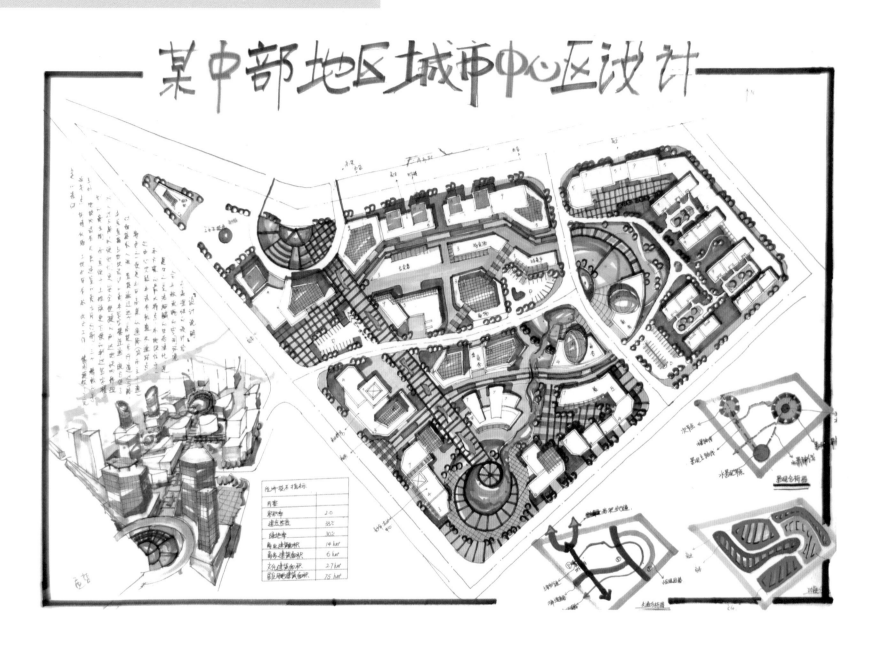

某中部地区城市中心区设计

实例5.4.5-4

作　者 孟哲
学　校 长江大学
作业时间 6小时
图纸尺寸 1号图纸
学习时间 2013绘世界寒假班

设计评价

文化、商务等功能通过步行系统、绿化水系等开放空间串联起来，同时注重站点综合广场、步行入口空间等节点的表达和细部的深入。建筑形体丰富，但整体性较弱，显得空间缺乏秩序感和层次感。空间结构不明晰，东西地块缺乏空间联系，西边公共组团内的步行轴线对景单薄，服务范围小，未能起到支撑方案整体空间骨架的作用。

5.4.6 同济大学历年研究生考研试题
北方某城市轨道站点周边地段城市设计

一、基地现状

项目位于北方某大城市，基地北起北苑南路，南至怡乐中街，西起中轴路，东至摇翠东路。九棵树大街将基地划分为南北两个地块。其中北块（A 地块）规划用地面积 3.97hm²，

南块（B 地块）规划用地面积 9.39hm²。基地现状为三类居住用地和工厂企业用地，地势平坦。

沿北苑南路南侧已建轻轨线，并在基地西北部设有轻轨站点。中轴路为城市重要的生活性道路，其北段（九棵树大街—北苑南路）规划为商业步行广场。商业步行广场西侧地块为商住综合用地，已建有大型超市、商务办公楼及公寓楼。

二、设计条件

1.A 地块规划条件：

①用地面积：3.97hm²；

②用地性质：商住混合用地；

③容积率：3.3；

④建筑密度≤ 40%；

⑤绿地率：≥ 20%；

⑥主要出入口方位：南、北；

⑦停车比例：0.005 个 /m²。

2.B 地块规划条件：

①用地面积：9.39hm²；

②用地性质：居住用地；

③容积率：1.5；

④建筑密度：≤ 25%；

⑤绿地率：≥ 35%；

⑥主要出入口方位：南、北；

⑦停车比例：1.0 个 / 户；

⑧地块内置规划幼托一座，用地面积 3000m²，建筑面积 3500m²；

⑨日照间距要求：板式加内置日照间距按 1:1.6 控制，高层塔楼日照间距按 1：1.2 控制。

三、设计引导

A 地块拟建一幢 5 万 m² 办公楼，4 万 m2 酒店式公寓及约 4 万 m² 的商场。其中：办公楼作为标志性建筑，建筑高度控制在 100m，酒店式公寓建筑高度控制在 80m。

B 地块沿中轴路布置小区商业服务设施，居住小区做到人车分流。

A,B 地块设计时应整体考虑，并应注重与周边地块关系。

四、成果要求

①总平面图（1:1000）

②表达设计构思的分析图（比例不限）

③反映空间意向的效果图

④设计说明

⑤主要技术经济指标

题目解读：

1. 结合轨道站点布置新城中心，考虑轨道站点的瞬时人流量大的特征，在站点附近布置集散广场；

2. 结合轨道站点设置中轴线；

3. 考虑靠近站点的地块人流量大，将公共建筑集中布置在北面。

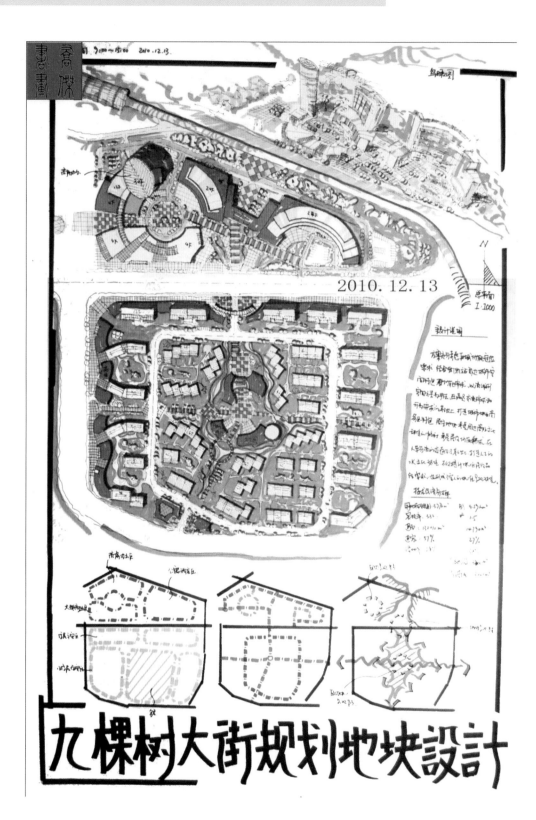

2010. 12. 13

实例5.4.6-1

作　者 乔杰
学　校 华中科技大学
作业时间 6小时
图纸尺寸 1号图纸
绘制时间 2010年

设计评价

　　该方案空间结构清晰合理，通过南北向主轴线将A-B地块相连。南北地块采用统一的景观设计元素，对公共服务性质的建筑统一着色，创造连续的公共服务界面，使得设计富有整体感又不乏变化。南北地块由于功能性质不同，建筑形态和空间布局上也应存在差异，作者对不同功能地块的空间布局手法掌握十分熟练，南面地块作为连接城市轨道站点的门户地区，集中布置大体量的公共建筑，成为地区的标志性建筑景观，北地块作为居住组团，布局相对简洁，通过多种建筑类型的混合使用丰富了空间构图。整幅图色调统一，重点突出，排版疏密得当，整体感很强。

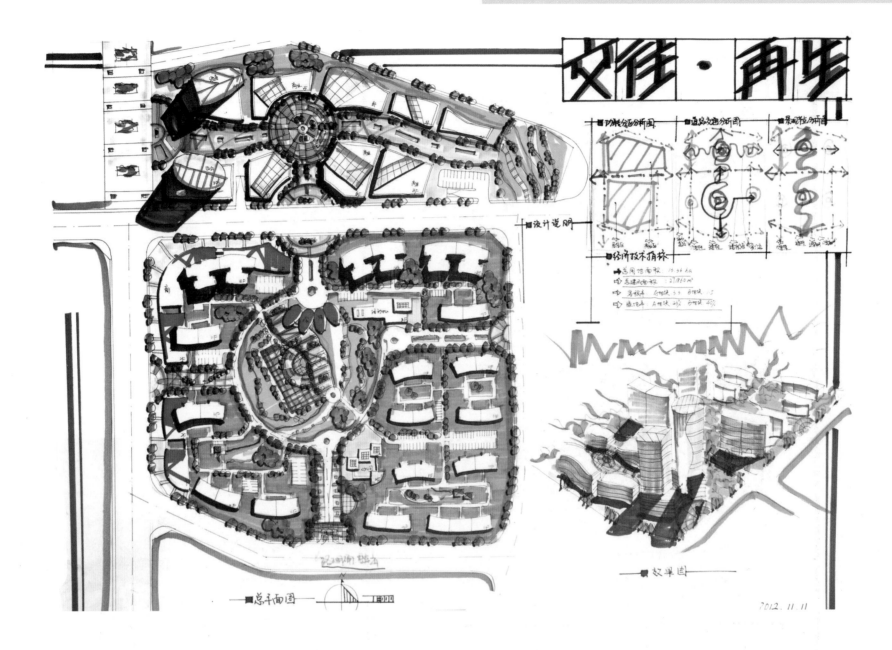

实例5.4.6-2

作　者 祝晓萧
学　校 华中科技大学
作业时间 6小时
图纸尺寸 1号图纸
学习时间 2013绘世界寒假班

设计评价

空间结构方面，该方案通过轴线将两侧地块相联系，并打通生活性主干道两侧的开敞空间视廊，使得方案整体性很强。在北部地块的西边，考生结合轨道站点设置了集散广场，但应在图面上明确表明站点的位置，更直观的反映方案和站点的关系。考生的建筑设计与群体组合很符合南北地块的功能特征，对于长轴线做了景观过渡处理，使得方案整体而富有变化。整幅图色调鲜艳，排版疏密得当，空间干净大方，分析图简明清晰，以此表明设计者清晰的设计思路。

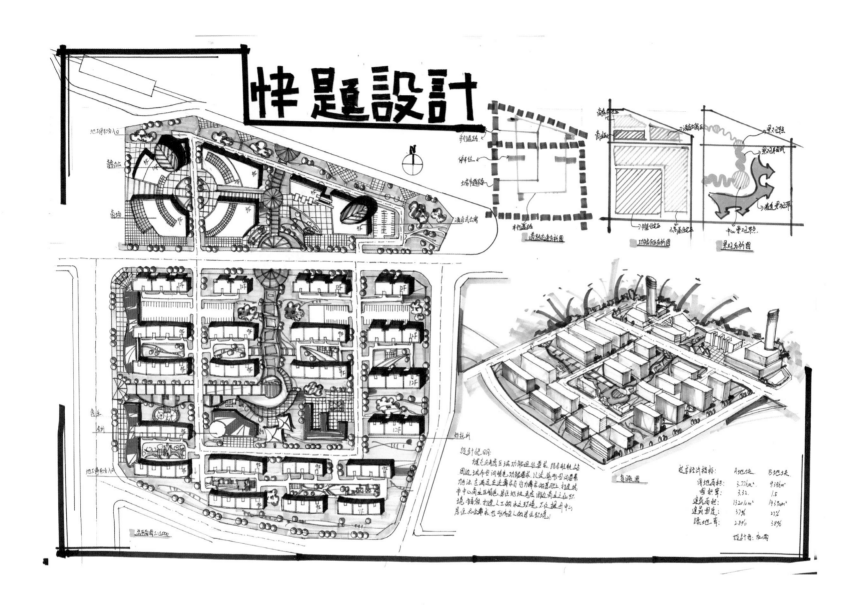

实例5.4.6-3

作　　者 杜雨
学　　校 武汉工程大学
作业时间 6小时
图纸尺寸 1号图纸
学习时间 2012绘世界暑假班

设计评价

　　空间结构方面，该方案通过轴线将两侧地块相联系，并打通生活性主干道两侧的开敞空间视廊，使得方案整体性很强。建筑布局方面，考生根据南北地块使用功能的不同，选择了与功能相适应的建筑形态，并基于用地性质创造了南-北地块"私密"-"公共"两种空间形态，使得北地块空间丰富活泼、南地块简洁稳重，设计富有整体感而有变化。两个地块内部交通组织采用环形路网，整体性较好。

第六章 校园规划快题设计

6.1 校园规划快题设计概论

6.1.1 校园规划设计内容

校园作为教书育人和科技研究的场所，是知识和技术的集中地。校园规划设计要求立意明确新颖，规划中要具有超前意识，留有发展余地，通过科学的、具有前瞻性的设计，体现现代化、网络化、地域化、园林化、生态化的特点，使用功能合理明确，各项公用和服务设施力求齐全，以适应人们在教学、科研和文化、生活质量等方面不断提高的需要。

6.1.2 校园的功能构成

校园的主体功能可分为三大类：教学、生活和运动；具体细分为六大功能区，包括教学区、行政区、运动区、生活区、宿舍区和生态景观区（表6-1）

6.1.3 校园规划设计的先进理念

1. 现代化校园

高等教育的内涵，由传统的教师对学生的单向灌输转向以学生为主体的、以人的发展和素质培养为中心的开放式教育。规划营造多层次交流空间，通过课堂内外交流环境的潜移默化，促使学生全面素质的提高。

2. 信息化校园

以信息时代特征为指导：总体布局采用有利于学科交叉、资源共享的细胞模式系统化布局。改善各专业封闭独立的传统布局，以整体集中，个体独立的方式既满足学科交叉、高效便捷的要求，又满足各局部功能相对独立的要求。

3. 生态化校园

以生态环保意识为指导，人与自然共存。充分利用现有地形、地貌、水库、小溪、营造高雅、有文化氛围、有活力的校园环境，并在单层布局中，尽可能满足节能通风和环保的要求。

4. 地域化校园

任何建筑都是具有地域性的，建筑本身就是时代的产物。因此校园的规划和建筑也不例外，应当与当地的建筑风格相统一。

5. 园林化校园

以规划、景观、建筑三位一体的整体化校园设计为目标，在外部空间的设计中，从整个校园生态环境到单体建筑内部，营造多层次的园林空间，立足于提高修养，陶冶情操起到"环境育人"的作用。

6.2 校园规划设计基本原则

校园作为文化教育场所，在功能布局、建筑布置、交通组织和景观环境塑造上都有独特的设计要求（表6-2）

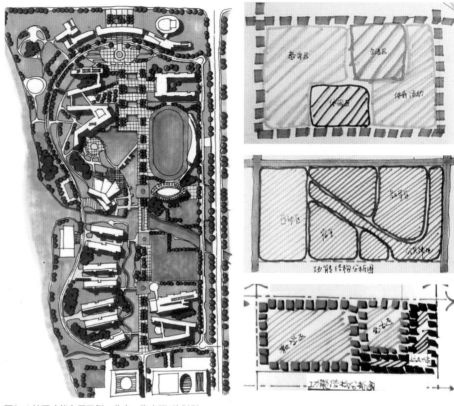

图6-1 校园功能布局示例　作者：张光辉　陈彤彤

6.3 校园规划快题设计基本要点

6.3.1 功能布局

校园规划相对于其他的城市规划项目，具有功能分区明确，组团格局清晰的特点。不同功能对空间和交通的需求不同，与此同时，不同组团之间又要求有功能上的连续性。下面重点介绍不同功能在布局时的组织原则（图6-1）。

① 教学、科研、住宿、生活、运动、行政管理、后勤等不同使用功能用地各得其所，动静分离，避免干扰；

② 教学、实验楼群作为校园功能的首要体现，应处于校园的核心区域，要有利于学科交叉、文理渗透、灵活调节，有利于公共教室、实验室的充分利用。

③ 教学科研实验设施和体育设施可以考虑承担部分城市功能，布局时考虑既联系便捷又有利于对外开放。

④ 生活配套区应靠近宿舍区，方便学生使用。

⑤ 校园建筑力求南北向，争取良好的自然通风、采光，节约能源。

样，可以通过修饰方法和轴线宽度的变化体现出景观序列的节奏感。

表6-1校园功能构成

设施类型	功能项目
教学区	教学楼、实验楼、
行政区	行政大楼、图书馆、国际交流中心、
运动区	运动场、体育馆
生活区	食堂、超市、浴室
宿舍区	学生公寓、教师公寓
生态景观区	景观轴线、核心景观区、主入口景观区

6.3.3道路交通

校园往往具有瞬时人流密集的特征，设计时除要考虑车行交通顺畅外还要着重考虑人行交通的安全可达。校园车行交通规划，应优先选择环形路网，有利于各个功能组团之间的联系，提高校园整体可达性。保证院院通车，每栋建筑都能由机动车道直接通行（图6-3）。

在混合交通的组织上，应尽量把机动车、自行车、步行道适当地区分开来，创造良好的步行环境，通过建立连续完整的步行体系，实现教学区、运动区、生活区、宿舍区之间的步

表6-2校园规划设计基本原则

设计要点	具体内容
功能布局	教学、科研、宿舍、体育、行政管理、后勤等不同使用功能用地各得其所，动静分离，避免干扰。
	教学科研实验设施和体育设施既联系便捷又有利于对外开放。
	根据具体功能营造学习空间、休闲空间和生活空间等不的空间类型，注意大空间和小空间的搭配使用。
建筑布局	校园建筑力求南北向，争取良好的自然通风、采光、节约能源。
交通组织	车行系统成环成网，每栋建筑都能由机动车道直接通行。
	把机动车、自行车、步行道适当地区分开来，创造良好的步行环境。
	合理安排汽车、自行车停车位置。
景观环境	总体布局注意疏密有致，大场所和小场所结合布置。
	力求将原有基地环境中的青山、碧水、绿林的特色渗透到校园中去，要充分利用原有的地形风貌，体现生态型校园特色。
	建筑群体，力求高低错落、起伏跌岩，使校园建筑既具特色，又形成典雅优美的群体空间，为师生创造多种层次的休息与交往环境。

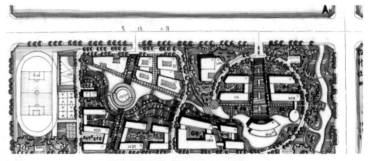

图6-2 "组团-轴线式"校园空间示例

6.3.2空间结构

"组团－轴线法"空间规划方法是校园规划设计中较常见的一种空间结构处理手法，能够清晰的在方案中呈现明确的功能分区和连贯的空间序列。"组团－轴线法"即由多个组团分担校园的不同功能，并通过轴线将各组团串联起来，组成功能完整、分区明确的校园整体（图6-2）。

根据功能的不同，校园组团常分为行政组团、教学组团、运动组团、生活组团、宿舍组团、教师公寓组团、生态景观组团等。不同的组团依据动静隔离的原则分布在校园的不同区域，通过绿化、水系、道路将它们分隔开，再通过轴线串联各个组团。

在"组团－轴线法"中，轴线的设计既要体现清晰地规划结构，又要体现活泼的校园氛围，因此轴线的表达应尽量避免呆板生硬和一成不变。对于长形地块可考虑采用"转折轴线"，既避免了轴线过长导致画面呆板生硬，又起到了联系功能组团的作用，而对于方形短轴线的地块，也要注意轴线表达上的灵活多

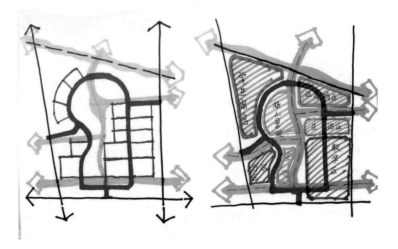

图6-3 校园道路交通系统示例

行可达。

此外，应注意如教学建筑群、行政楼、体育馆等在大型公共建筑前设置机动车停车场，并尽量做到地面停车；在主要的教学、住宿区域合理安排自行车停放场地。

6.3.4 建筑设计

与功能相对应，校园规划中设计的建筑类型有教学建筑、行政建筑、宿舍建筑、生活配套建筑、体育建筑等，这些建筑的功能性很强，形体也相对固定（图6-4）。

校园规划中建筑处理上要注意对重点建筑单体和建筑群的着重刻画，如行政楼、图书馆、体育馆等标志性建筑单体和教学楼、实验楼等主体功能建筑组群等，在建筑形式上可以选择有地方文化特色的建筑元素，以此奠定校园建筑主体风格。

行政建筑可以考虑从体量和高度上突破其他建筑，作为标志性建筑之一，但建筑风格上建议简单大方，以对称式为主，体现教育事业的庄重典雅。

教学楼是校园内的功能主体建筑，对朝向、通风、采光有严格要求。在建筑选型上，教学楼以组合建筑的形式居多，由多组形式类似的外廊、内廊或内天井式建筑通过行列式或围合式组合而成，通过连廊将独立的建筑单体联系起来，既显得建筑组群协调统一，又为师生提供了多层次的交流空间。

体育馆或风雨操场的设计重点在于对体量的把握，一般校园体育馆是由标准足球场或组合篮球场以及围合式观众习组合而成，形式上可以采用活泼的椭圆形或方形建筑，备考时准备两种常用建筑形式即可。

学生宿舍楼造型相对简单，以长方形板式为主，建筑内部采用内廊式布局。应注意的是建筑群体的组合，应在建筑之间预留一定的广场、庭院等开敞空间，作为大量学生交流休息

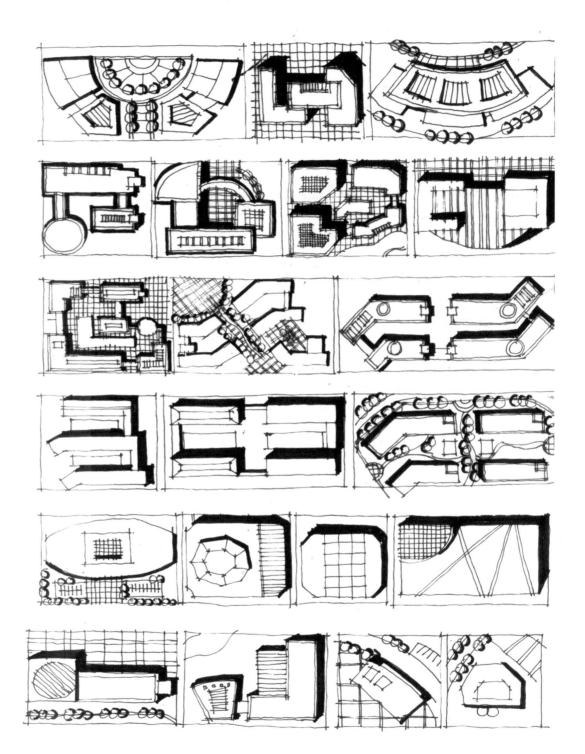

图6-4 校园建筑示例　作者：王成虎

的场所。生活区应靠近学生宿舍布置,方便学生日常使用。教师公寓设计类似普通住宅小区,应区别于学生公寓独立设置。

校园建筑力求南北向,争取良好的自然通风、采光,节约能源。备考阶段可针对每种功能的建筑准备 2~3 种选型,考试时灵活使用。

6.3.5 景观环境

校园景观系统的构建中,应把设计重心放在轴线、核心景观和入口空间的设计上,强化轴线和节点的处理,凸显清晰的景观和绿地系统结构(图6-5)。总体布局上,应注意疏密有致,大场所和小场所结合布置,应

在运动区、宿舍区设置适当的活动和交流场所,以体现校园生活气息。场地设计上,力求将原有基地环境中的青山、碧水、绿林的特色渗透到校园中去,要充分利用原有的地形风貌,体现生态型校园特色。建筑群体的空间组合上,力求高低错落、起伏跌宕,使校园建筑既各具特色,又形成典雅优美的群体空间,为师生创造多种层次的休息与交往环境。

除此之外,校园规划中的运动场地类型涵盖很广,对于各种常用运动场地的尺寸应熟练掌握(图参考第二章 4 节)。运动场是校园的标志性场地,在校园局部效果图的表现中,可以采用运动场作为视点,突出校园特征(图6-6)。

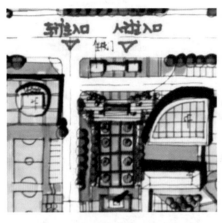

图6-5(a)校园核心景观示例-入口空间

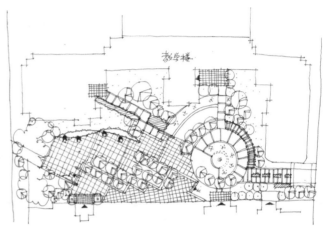

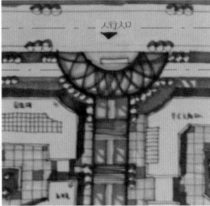

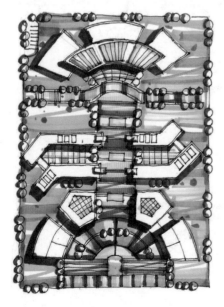

图6-5(b)校园核心景观示例-中央轴线

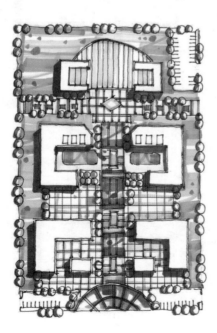

图6-5(c)校园核心景观示例-主教学楼前景观

6.4 校园规划快题设计案例评析

6.4.1 东南大学规划考研练习题

北方某医学院新校区规划设计

一、基地概况

北方某医学院和规划建设其新校区，基地位于大学所在城市的新区中，东西长 700m，南北宽 240m，东侧有河流经过，地势呈西高东低之势，基地中部有一陡坎，两侧高差约 12m，新校区总用地面积 16.8 公顷（详见附图）校园主入口拟设于用地北侧，要求总建筑面积达到 156000m²，办学规模达到教职工 500 人、在校学生数 6000 人。

二、功能与面积要求

规划要求总建筑面积 156000m²；

（1）教学区域

①教学主楼：总面积 15000m²；

②校行政用房：5000m²（可与教学主楼结合）；

③图书馆：10000m²；

④实验用房：50000m²（分公共实验和专业实验两部分）；

⑤系行政用房：总面积 7600m²（6 系 2 部，可与实验楼结合）；

⑥会堂（活动中心）2000m²；

⑦学术交流（培训）中心 8000m²（满足 300 人接待、会议、商务中心）。

（2）生活及其他设施

①学生宿舍：总面积 39000m²（6000 人）；

②学生食堂 7800m²；

③教工食堂：1400m²；

④附属设施（含浴室、超市、银行、车库、变电所等）5700m²；

⑤风雨操场 2500m²；

⑥教室公寓 1600m²（预留发展到 500 人）；

⑦运动场地 400m 标准运动场一个、篮球场 4 个、棒球场 6 个；

⑧停车，机动车和非机动车停车场自行设计。

三、规划设计要点

①适应城市新区中大学的教学、生活与管理要求、找不同功能进行分区，尽可能采用建筑组团布局，到了交通组织要求时限人车分流。

②主要规划控制指标：容积率为 0.9，建筑密度不大于 30%。绿地率不小于 40%。

③蓝线控制范围内不得设置建筑及人流聚集场所，建筑后退蓝线 25m，建筑后退西侧经四路道路红线 50m，建筑后退北侧学院大街道路红线和南侧基地边界 25m。

规划要求校园标准性建筑（教学主楼）高度不超过 60m，其余建筑高度均应控制在 24m 以内。

四、成果要求

①总平面图 1:1000（地形图自行放大）；

②规划分析图（规划结构分析，交通组织分析、绿地景观系统分析等）比例自定；

③规划鸟瞰图；

④规划说明与主要规划技术指标。

题目解读：

1. 三大功能区——教学区、生活区、运动区的功能分区；

2. 对于 10m 陡坎，建议保留原有形态，尽量减少车型交通穿行，穿行道路控制在 1 条以内，可以考虑陡坎上下建筑通过连廊联系，减少步行交通量；

3. 考虑体育设施的公共服务功能；

4. 东侧水系位于地势较低处，不宜向西侧引水，可考虑地块内部留出东西向开敞空间廊道，加强水系的公共性。

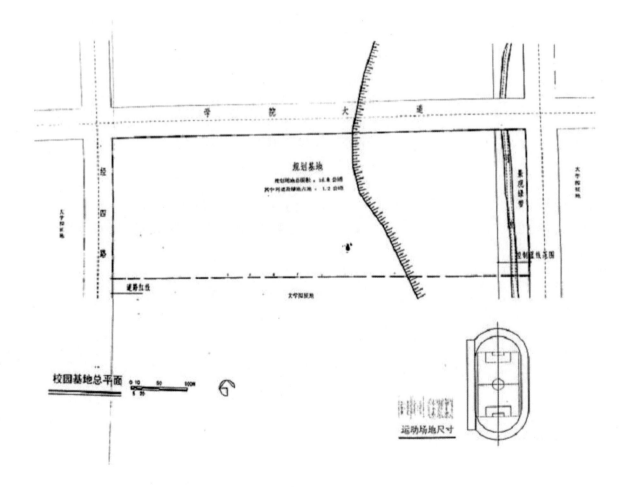

规划基地

校园基地总平面

运动场地尺寸

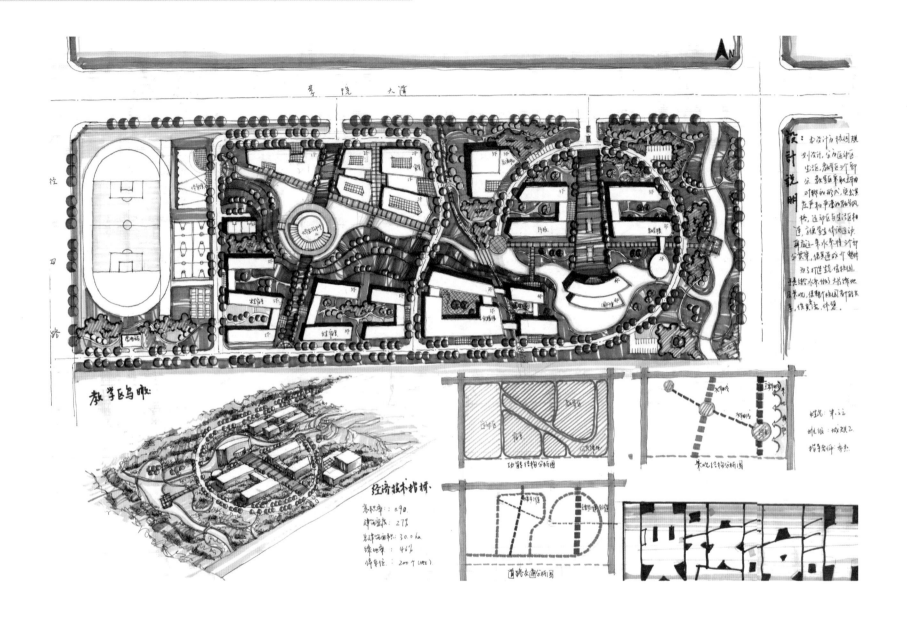

实例6.4.1-1

作　者　朱云云
学　校　安徽建筑大学
作业时间　6小时
图纸尺寸　1号图纸
学习时间　2012绘世界暑期班

设计评价

通过建筑形体和组合形式区分组团的功能性质，并通过斜向的轴线和水系串联各功能组团，方案整体性好并富有变化，在景观环境的处理方面，本方案有许多值得借鉴的地方，通过对已知基地自然环境的灵活运用，创造出丰富多变的景观环境，在轴线的设计上运用了虚实结合的手法，使得长轴线一样能够富有变化。整幅图色调淡雅而有重点，排版疏密得当，若能加强文字在构图中的分量，图面效果会更好。鸟瞰图简洁明了，突出了节点空间。

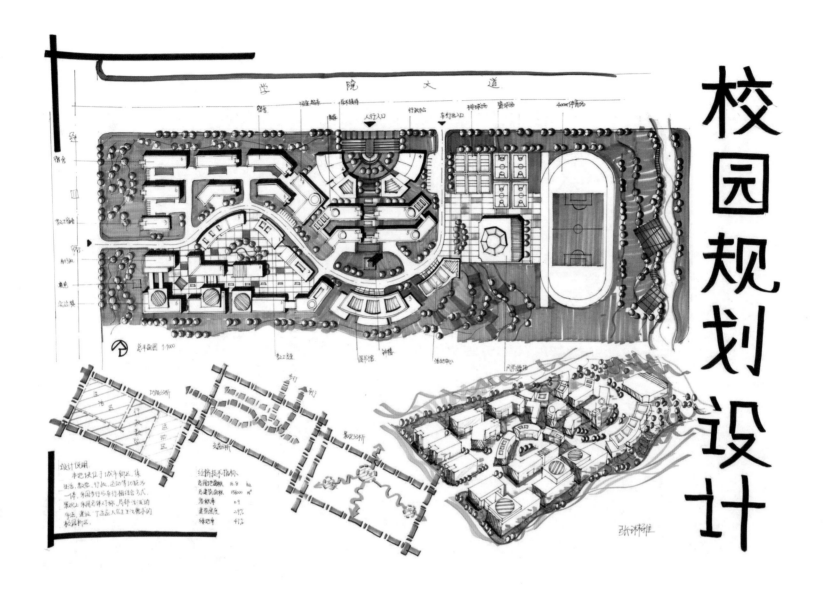

校园规划设计

实例6.4.1-2

作　者　张琳雅
学　校　安徽建筑大学
作业时间　6小时
图纸尺寸　1号图纸
学习时间　2012绘世界暑期班

设计评价

　　该方案结合地形布局功能，将机动车依赖性强的公共建筑群落安排在地块西侧，将步行活动场地布置在东侧，巧妙的避开了场地高差限制。同时建筑布局与机动车系统结合紧密，动静分离，通过建筑群体组合明确功能分区。

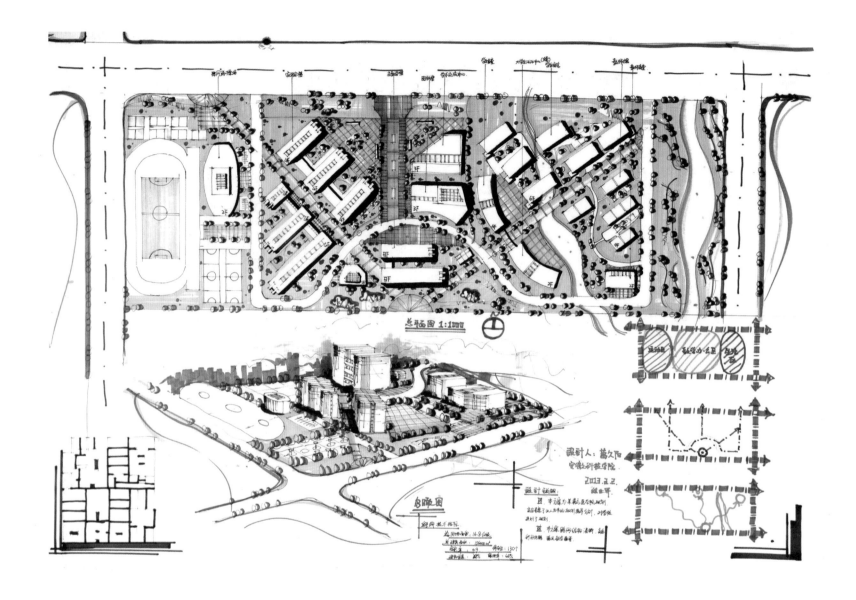

实例6.4.1-3

作　　者 葛久阳
学　　校 安徽科技学院
作业时间 6小时
图纸尺寸 1号图纸
学习时间 2012绘世界暑期班

设计评价

　　该方案轴线突出，空间结构清晰，组团分区明确，步行廊道很好的联系了各功能组团。建筑形态和组合布局呼应了建筑功能，使得组团功能可识别性增强。但车行道路系统的布局还需斟酌，应保证大容量教学建筑的机动车可达性。

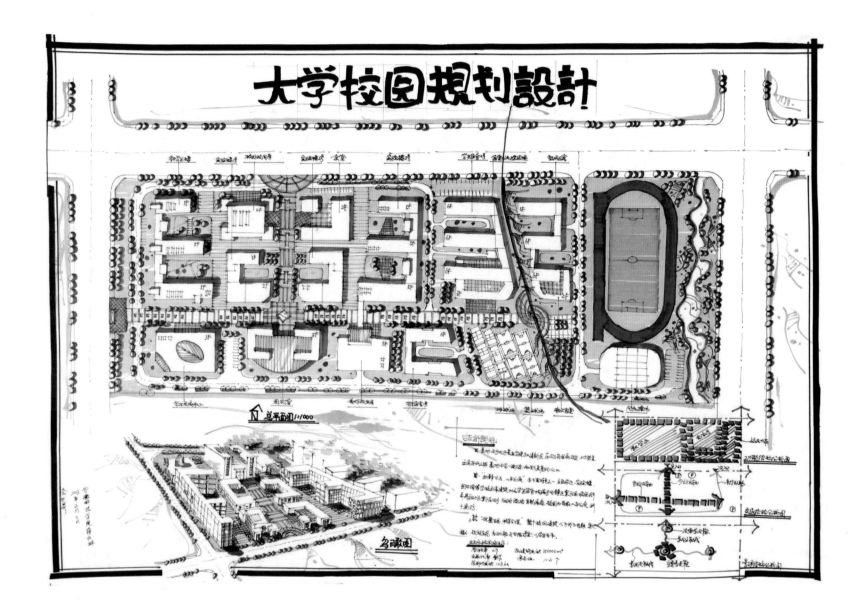

实例6.4.1-4

作 者	徐仕林
学 校	安徽科技学院
作业时间	6小时
图纸尺寸	1号图纸
学习时间	2012绘世界暑期班

设计评价

　　该方案功能布局与结构清晰，组团之间通过开敞空间分隔。建筑布局方面，通过不同形态和尺度的建筑区别使用功能，并通过建筑组合围合出大小不一的公共空间。步行景观轴线串联各功能组团。但地块东的学生宿舍组团布局过于散乱，缺乏秩序感，可适当运用尺规定线。

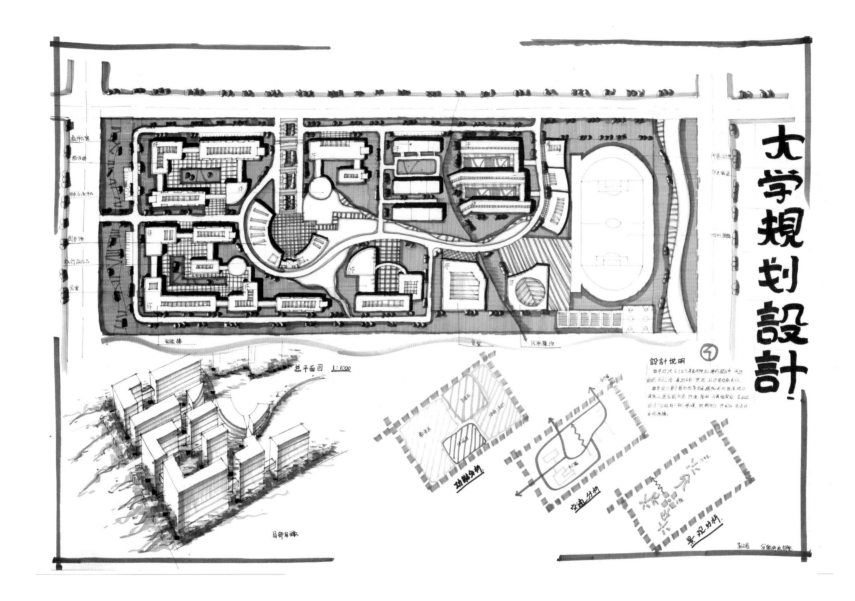

实例6.4.1-5

作　　者	孙文君
学　　校	安徽科技学院
作业时间	6小时
图纸尺寸	1号图纸
学习时间	2012绘世界暑期班

设计评价

　　该方案功能分区明确，并结合主轴线和标志性建筑营造景观中心节点。不足之处在于，建筑体量偏小，画面主体不突出。

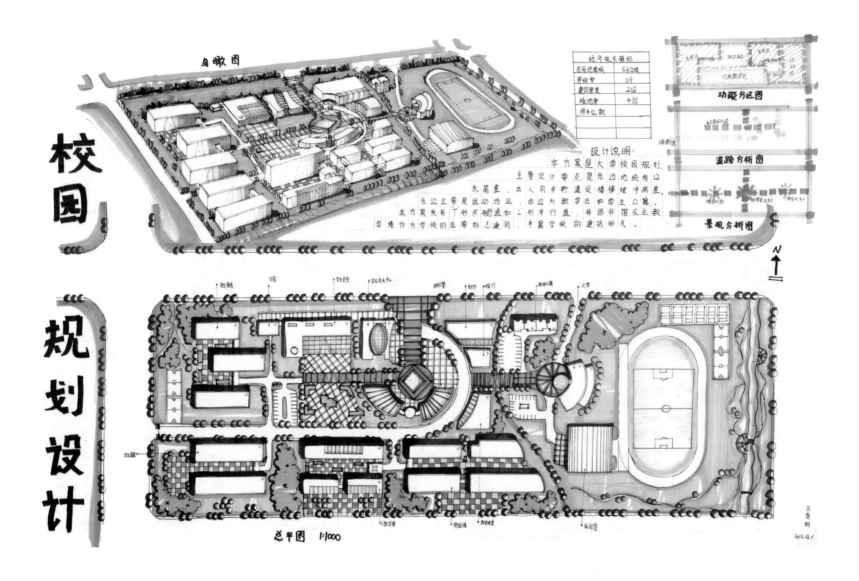

经济技术指标

总用地面积	68公顷
容积率	0.9
建筑密度	26%
绿地率	45%
停车位数	

设计说明:

本方案是大学校园规划,主要设计要点是东边地块有水高差,本人用步行街道设楼梯缓冲高差。东边主要是运动场区,西边是教学区和学生公寓。本方案采用了T形步行街道和"L"形车行道,将图书馆及主教学楼作为学校的主要标志建筑,丰富学校的建筑形式。

功能分区图

道路分析图

景观分析图

身瞰图

校园 规划 设计

总平图 1:1000

实例6.4.1-6

作　者　王香甜
学　校　安徽科技学院
作业时间　6小时
图纸尺寸　1号图纸
学习时间　2012绘世界暑期班

设计评价

　　该方案空间组织清晰简洁,秩序感很强,环境丰富但不杂乱,建筑形体统一,符合校园规划的要求。但建筑形态过于单调,以"条"形建筑居多,很难从建筑形态上判断使用功能。另外,校园车行系统最好"成环成网",以增加不同功能组团间的可通达性。

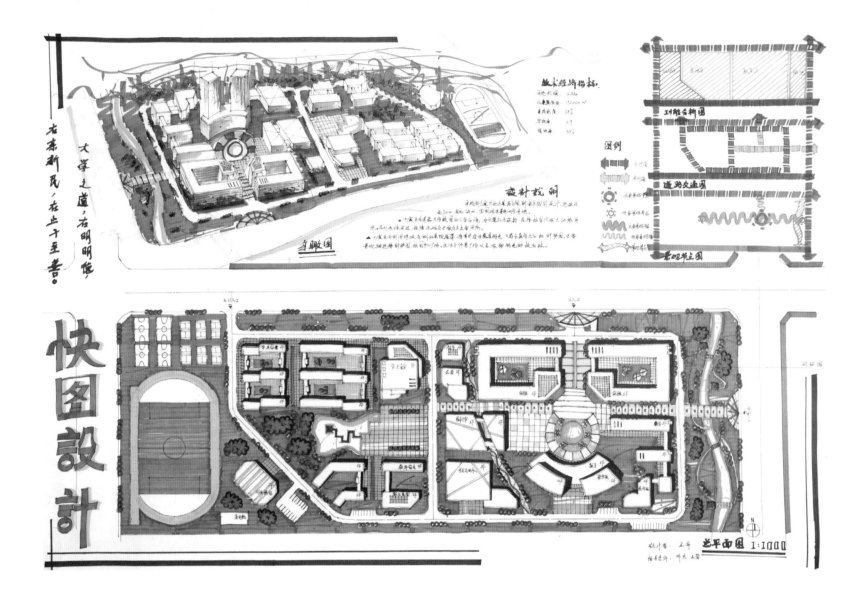

实例6.4.1-7

作　　者 王舟
学　　校 福建农林大学东方学院
作业时间 6小时
图纸尺寸 1号图纸
学习时间 2012绘世界暑期班

设计评价

　　该方案功能分区明确，空间组织合理，并充分考虑了机动车可通达性，组织车行道路系统形成环网。但忽略了地块内地形高层差，在陡坎上强行垂直设置车行道，缺乏实际可操作性。

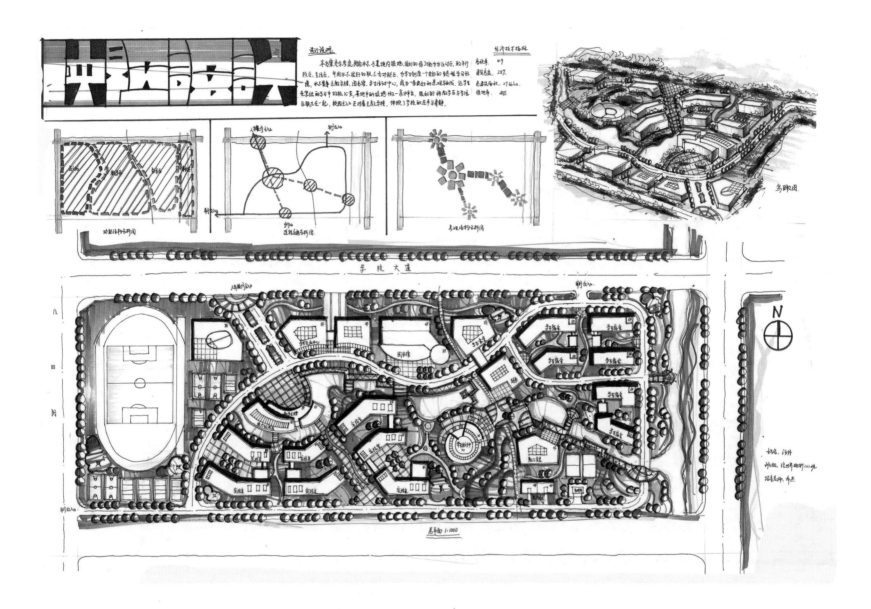

实例6.4.1-8

作　者	汪丹
学　校	安徽建筑大学
作业时间	6小时
图纸尺寸	1号图纸
学习时间	2012绘世界暑期班

设计评价

　　该方案采用弧形路网系统，打破了原有地块形状限制，使得整体空间布局更灵活丰富。但不能忽略的是，作为教学建筑，庄重严谨应是风格主旋律，过于随意的建筑布局容易显得方案缺乏秩序感，这一点也是校园设计与其他公共空间设计在风格上最大的区别。

6.4.2 东南大学历年研究生入学考试试题
某私立中学修建性详细规划

一、基地概述

基地位于南方某城市新区，总用地面积为86000m²。西面临城市主干道，北面依城市次干道，东面为城市支路，南面为已建居住小区（详见附图）

规划部门要求：①建筑密度不超过20%；建筑高度不超过5层。②南北建筑间距不少于1.2H（H为南面楼之高度）。③建筑后退：城市主干道红线不小于8m，城市次干道红线不小于6m，后退城市支路红线不小于5m。④在校门附件布置适量的停车位置。

二、项目要求

①功能分区合理；

②交通组织合理。

三、项目具体内容

① 教学行政楼：18000m²，其中教学10000m²，行政8000m²，可分设或合设；教学楼包括60间标准教室及相应公共面积，采用单廊式（见附图所示教室标准单元），建筑间距不小于25m。

②实验图书综合楼：7500m²。

③音乐美术综合楼：4000m²。

④综合体育游泳馆（2层）:4500m²。

⑤学生宿舍:22000m²，包括400间6人宿舍及相应公共面积，采用单廊式（见附图所示宿舍标准单元）。

⑥食堂：4000m²。

⑦运动场地：标准400m跑道带足球场1个，标准篮球场4个，标准排球场两个，室外器械活动区两个（见附图所示）。

四、规划成果要求

①总平面图1:1000，要求标志各设施之名称；

②空间效果图不小于A3幅面，表现方法不限，可以使轴测图等；

③表达构思的分析图若干（自定，功能分区和道路交通分析为必须）；

④简要规划设计说明及主要指标。

五、附图

题目解读：
1. 三大功能区——教学区、生活区、运动区的功能分区要明确；
2. 小地块校园，路网可以采用环形或"L"型，实现地块内部各组团的车行可达性；
3. 考虑游泳馆的公共性，将其布置在车行可达性强的区域。

注：图上尺寸标注单位均为米.

附图

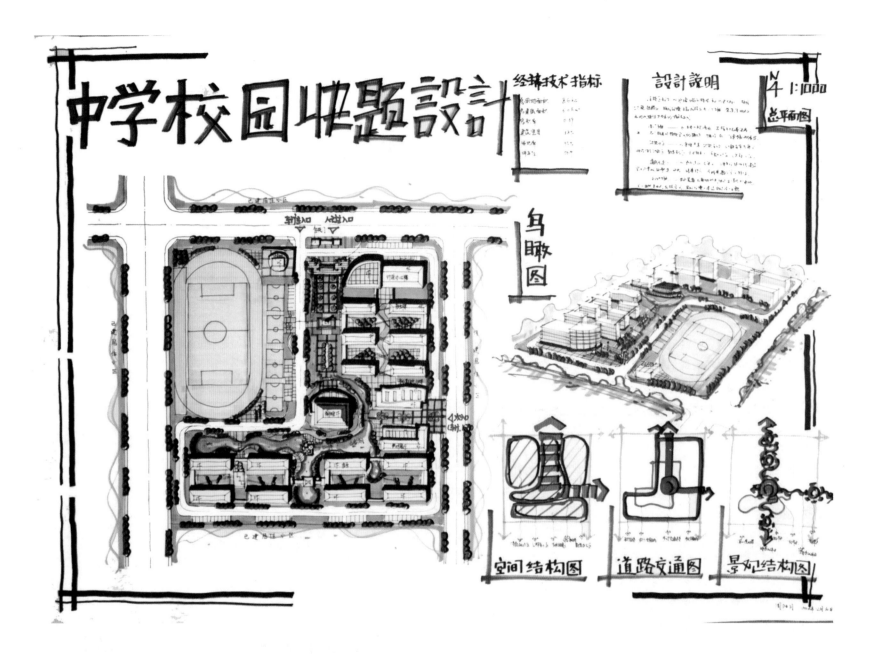

实例6.4.2-1

作　者	周阳月
学　校	华中科技大学
作业时间	6小时
图纸尺寸	1号图纸
学习时间	2013绘世界寒假班

设计评价

该方案功能分区明确，空间结构合理，运用景观和道路划分功能区。该方案采用环形路网，实现了地块内各功能区交通的均等可达。在景观环境设计上，该方案灵活运用水系统联系各组团。

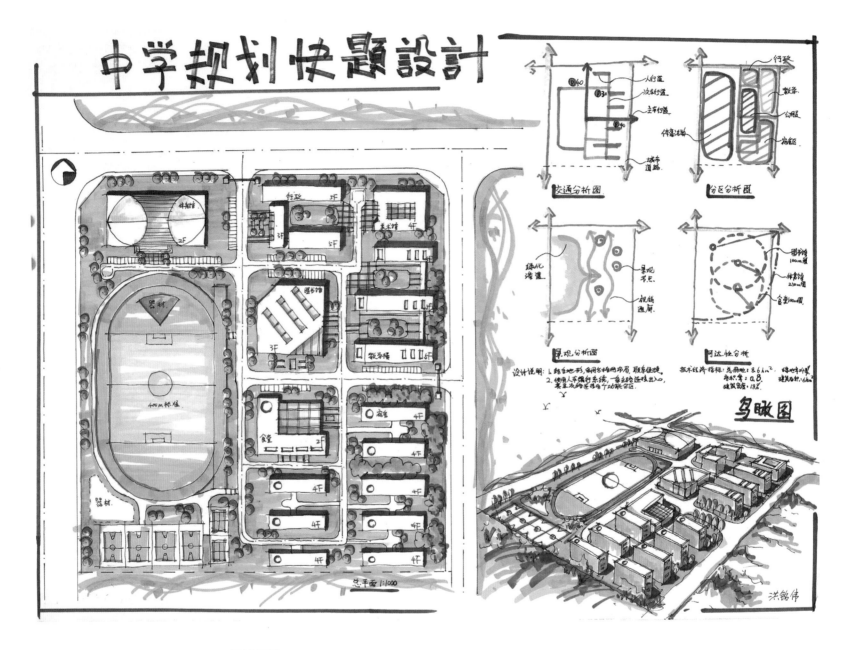

总平面 1:1000

交通分析图

分区分析图

景观分析图

可达性分析

鸟瞰图

洪铭伟

实例6.4.2-2

设计评价

作 者	洪铭伟
学 校	华中科技大学
作业时间	6小时
图纸尺寸	1号图纸
学习时间	2013绘世界暑假规划班

该方案采用方格网式布局，每种功能组团各成院落，再通过方格网式道路交通系统实现可达，在空间结构上区别于其他轴线布局，新颖独特。在图面表达上，该方案用色清新淡雅，分析图的画法也值得考生借鉴。

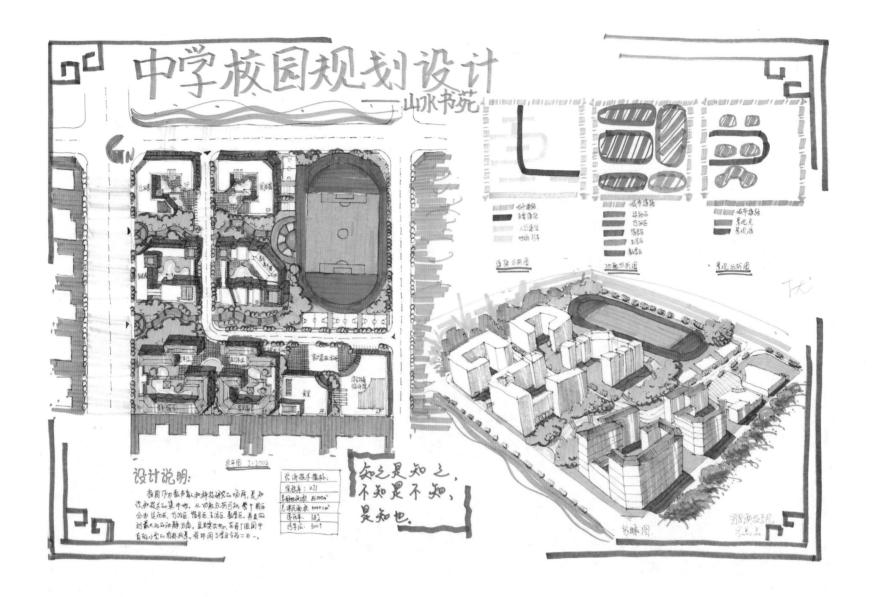

实例6.4.2-3

作 者	冯晶晶
学 校	河南科技学院
作业时间	6小时
图纸尺寸	1号图纸
学习时间	2013绘世界暑假班

设计评价

该方案建筑成团成组，组团感很强，每一组功能建筑围合出一个内庭院，同时丰富了绿地景观系统。图面表达上，该考生很好的运用了团树的表达方法，丰富图面效果。不足之处在于，不同功能的建筑采用了同样的平面形体，很难从平面上区分功能分区。

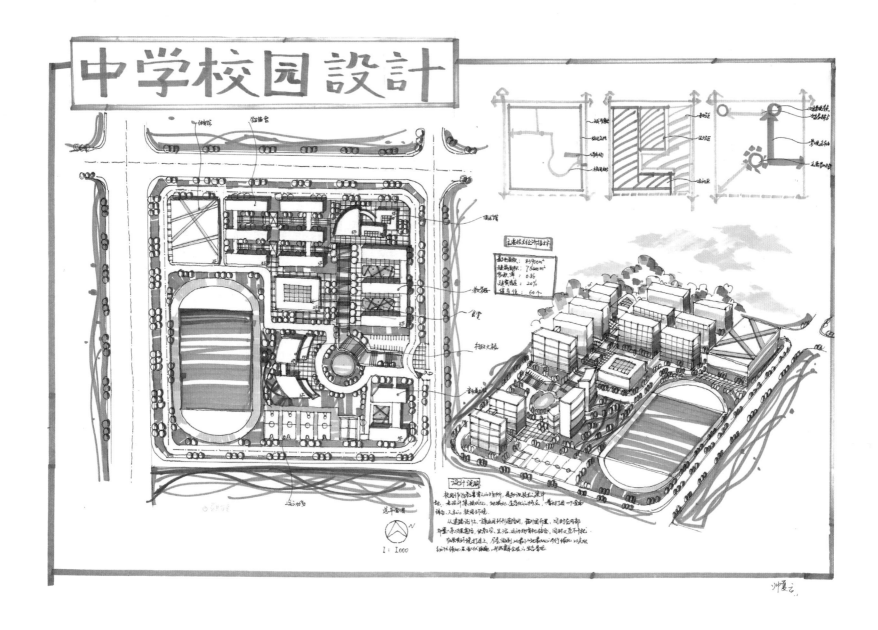

实例6.4.2-4

作 者	帅夏云
学 校	四川农业大学
作业时间	6小时
图纸尺寸	1号图纸
学习时间	2013绘世界暑假班

设计评价

　　该方案功能分区明确,建筑形态与功能搭配一致,充分考虑了体育馆的外向性。图面表达上完整大气,排版丰富。不足之处在于,主干车行道过于曲折,不符合使用要求。

第七章 城市旧城更新规划快题设计

7.1 城市旧城更新规划快题设计概论

7.1.1 旧城更新的内涵

旧城更新的多种英文译法：Urban renewal, regeneration, Urban renaissance，一般包括有三种含义：① 再开发或改建（redevelopment）；② 整治（rehabilitation）；③ 保护（conservation）。

三者内容各不相同。整治是将比较完整的城市剔除其不适应的方面，开拓空间，增加新的内容以提高环境质量，如有价值的历史文化名城。对于旧城历史地段，则予"保护"；对于质量低劣者可根据其不同规模进行"再开发"。

《城市规划法》中称为"旧区改建"。其定义的城市旧区是城市在长期历史发展和演变过程中逐步形成的进行各项政治、经济、文化、社会活动的居民集聚区。保护、利用、充实和更新构成了"旧区改建"的完整概念。

7.1.2 旧城更新的类型

7.2 旧城更新设计基本原则

7.2.1 社会性

① 改善人居环境；② 保持原有社会生态空间网络；③ 提倡居住的混合性和异质性，关注弱势群体。

7.2.2 经济性

经济活力提升是旧城更新的物质基础。

7.2.3 文化性

① 物质文化和精神文化的载体——旧城如：古代的宫城采用"前朝后市、左祖右社"的形制；城市胡同街巷采用棋盘式格局，填充大量合院式住宅；传统住宅组团东西方向的进深明显小于南北方向的进深，即缩小每户面宽以节地。

② 市民情感精神的寄托。

③ 文化认同感的集聚空间。

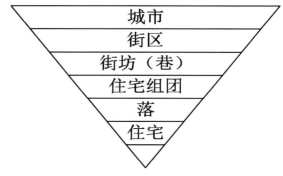

图7-1 中国古代城市空间层级关系示意
图片来源：作者改绘

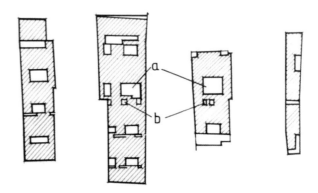

图7-2 一个组团有4—7个落住宅组成；每落住宅一般为4—6进，两进之间由天井（交通、采光）隔开；每进进深6—10m；每落开间有6（2开）、9、13三种；

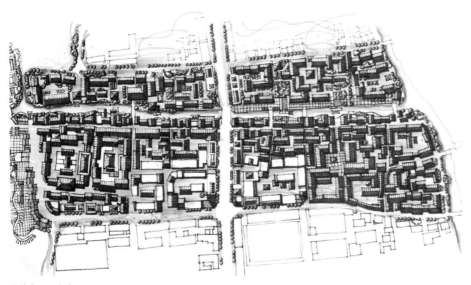

图片来源：陈建飞

7.3 旧城更新规划快题设计基本要点与技巧

7.3.1 某年研究生入学考试试题解析

某南方城市商业中心规划设计

一、规划项目性质

① 本商业中心是集商业与居住功能为一体的综合性商业中心。

② 本规划项目为旧城中心地段改造项目。

二、规划用地条件

本规划用地范围为某南方城市商业中心的一期建设用地范围，用地范围北至城市主干路红线，其他三边至城市次干路中心线。用地条件见规划用地现状图。

三、规划设计要求

① 本商业中心商业建筑除了可以临城市道路布置外要求规划一条步行商业街。

② 部分住宅可以结合商业建筑进行布置，其他住宅独立布置。

③ 建筑层数和风格不限。

④ 容积率：不低于 2.0；绿地率：不小于 25%；住宅日照间距系数：1.1。

⑤ 商业建筑面积：住宅建筑面积 =30:70。

⑥ 商业建筑的具体内容自定，可以适当安排金融、文化和娱乐内容。

⑦ 住宅套型比：大：中：小 =30:50:20。

⑧ 大套住宅建筑面积：150m²/户；中套住宅建筑面积：120m²/户；小套住宅建筑面积：90m²/户。

⑨ 商业建筑必须配备 100 个标准停车位，停车方式自定；住宅必须配备总户数的 30% 的小车停车位。

⑩ 进行城市道路的横断面设计。

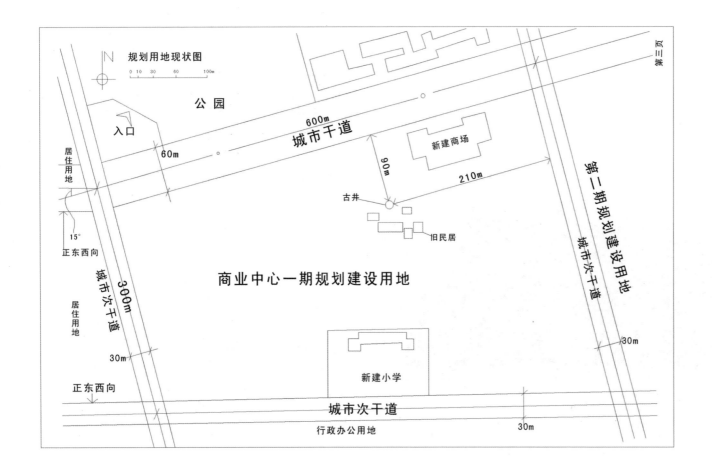

7.3.2 设计要素提取

① 古井：强调保护与发展，围绕营造场所空间、"仁者乐山、智者乐水"理念的实施，是否可营造水系资源（出彩）。

② 古建：结合任务书要求设计特色商业街考虑延续性保护与开发；当然商业街也可单独开发，此时古建以保护为主，结合开敞空间作为中心文化节点开发。

③ 保留商场：可结合任务书要求的商业街开发；也可结合商业中心的配套要求（地上停车场设置）考虑开发（可设在商场右边狭小地块）。

④ 保留学校：考虑地块内公共服务中心的复合型；保留学校空间在地块空间内的整体性（需要交通结构、景观空间的结合营造）。

⑤ 考虑周边用地关系（行政、居住、公园、一二期开发间关系）。

⑥ 公园：扩大城市开敞空间节点。

⑦ 居住：考虑相近地块性质相同设置。

⑧ 行政：考虑相邻地块以办公型功能、静态、严肃性功能设置为主，并注意交叉口形象开敞空间。

⑨ 一期综合商业中心开发与二期地块开发的关系：可考虑公共中心节点是否可以右移，引导二期开发（光谷步行街是最好案例）。

可将步行街设置在右侧南北向，并在南北向中间位置设置开敞空间次要节点。

⑩ 地块周边道路层级关系。

A 主干道（北），区内步行空间或景观空间主入口；城市空间形象的考虑靠北可设置高层（居住、办公），但应顾忌保护建筑限高，应做到过度性，天际线的变化；

B 次干道：机动车出入口设置考虑、商业、商业街等大量人流集散区设置；区内交通以连接次干道（道路设置应考虑层级关系）。

7.3.3 设计重点把握

① 古建一定得保留，周边处理好尺度感的延续、限高；同时要做到文化的共享性，所以注意保留空间对城市的开场性。

② 步行街的尺度（层高、街道宽度、商业建筑进深）。

③ 区内住宅区的组合形式。

④ 全部现代高层（以满足建筑面积指标要求）。

⑤ 现代住宅和传统多层结合（组团划分应明确）。

⑥ 整个地块开发的整体性：以交通骨架和景观结构为基础；相邻组团空间建筑组合形式、尺度感、开敞空间、院落关系相结合。

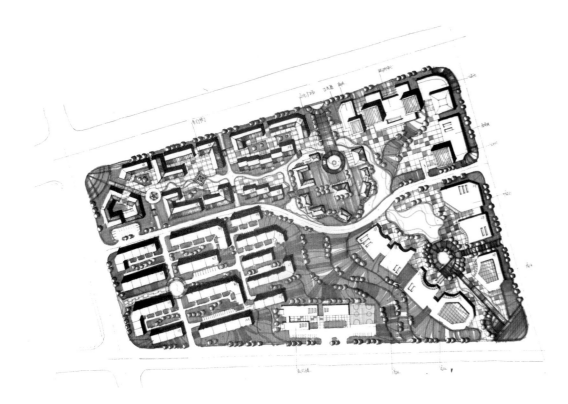

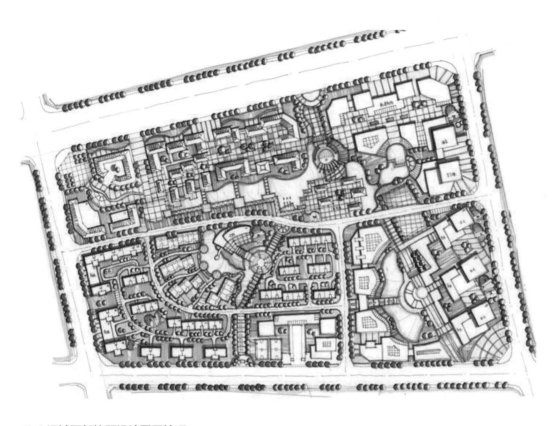

7.4 旧城更新快题设计图面技巧

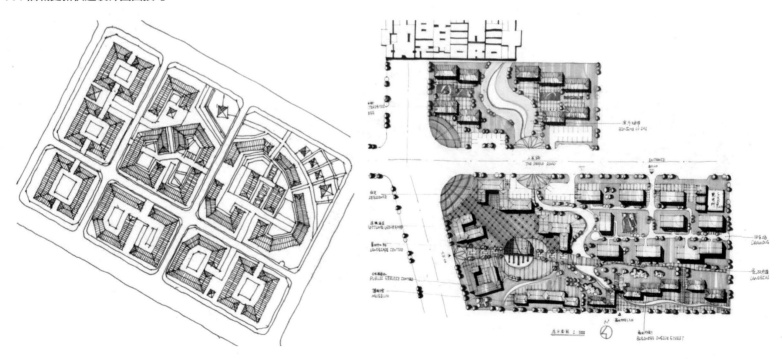

7.5旧城更新规划快题设计 案例评析

7.5.1 华南理工大学 2008 年研究生考试试题

岭南某历史文化名城中学规划设计

一、基地概述

基地位于岭南某国家历史文化名城中心地区，包括人民路南北两个地块，总用地面积为 35063m² （净面积），南地块原为人民体育场，北地块原为低层棚户区。人民路为 20m 宽老城区次干道，基地西临 36m 宽城市主干道，其他方向相邻均为传统岭南民居风貌（2~3 层建筑为主）的历史文化街区，基地东南侧已建仿古商业街（青石板巷，2 层建筑），其南边的文庙是省级重点文物保护单位，北边的文塔高 37m，是市级文物保护单位，保护规划要求保护从文庙眺望文塔的视线通廊（周边情况详见附图）。

二、功能构成

①具有岭南特色的旅游文化商业街。

②面向自助游旅客的 150 间房的连锁酒店：建筑面积 12000m²。

③中小户型安置住宅不少于 8000m²。

三、规划设计要点

①建筑密度：北地块小于 40%，南地块小于 30%。

②总容积率（FAR）应小于或等于 1.2，部分商业建筑可设在地下一层（计入容积率），地下停车场不计入容积率。

③绿地率不小于 30%。

④应提供不少于 10000m² 的城市广场或公共绿地开放给市民使用。

⑤建筑限高：24m。

⑥建筑造型应考虑与历史文化街区传统风貌相协调。

⑦居住建筑间距：平行布置的多层居住建筑南北向间距为 1.0Hs （Hs 为南侧建筑高度），东西向 0.8H（H 为较高建筑的高度），侧向山墙间距不少于 8m。

⑧停车位：400 个标准车位（含住宅配建），其中不少于 40 个地面车位。

⑨配套公建和市政设施：沿人民路布置港湾式公交车站 1 对；35kV 变电站（建筑面积 1000m²，电缆沿人民路电缆管沟接入）。

⑩建筑后退城市次干道红线大于 5m，后退支路和其他街巷大于 3m。

四、设计表达要求

①总平面图 1：500，须注明建筑性质、层数，表达广场绿地等环境要素，表达地下停车场范围、层数及出入口方位；

②空间效果图不小于 A3 幅面。可以是鸟瞰或轴测图等；

③表达构思的分析图自定；

④简要规划设计说明和经济技术指标；

⑤基地附图一；

⑥基地附图二。

五、设计要点解析

1. 设计理念

① 以生态空间为空间骨架，是一种处理历史街区空闲过度与延续的很好手法；

②如何营造吸纳带人文气息居住生活空间（水系、铺装）；

③历史街区与周边环境的关系，空间机理；高度控制、自然环境的融合；

④商业建筑与历史街区的融合（尺度、形式、水系岭南）；

⑤居住还建以维持城市生态网络为主。

2. 功能结构

①酒店位置选择，城市窗口形象；

②商业建筑，宾馆设置主干道旁；

③特色商业街的位置选择（与已有商业街呼应和带动关系？）

④居住空间位置的选择以及与周边功能空间关系；

⑤广场位置（集中还是分散于南北地块布置）考虑对公共交

通人流的集散、疏导；

　　⑥地下商场的形式与表达；

　　⑦变电站位置，变电站设置要求，周边功能设置；

　　⑧安置住房、城市弱势群体居住空间的保障问题（住区开放性；历史空间、生态空间的共享性）。

　　3. 交通组织

　　①主干道、次干道、出入口、人车分流；

　　②实现交接与人民路交叉口设置（南多，北少）。

　　4. 景观结构（开敞空间）

　　①文庙和文塔的关系；

　　②街区的整体开发，上下两地块的空间整体感；

　　③以不行为导向的特色商业居住空间；

　　④高度层次感。

　　5. 技术经济指标

　　①酒店技术经济指标的落实；

　　②居住的技术经济指标落实；

　　③广场指标的落实。

题目解读：

1. 本题属于历史街区周边地段的旧城改造设计，应注重对城市历史文化特色的传承与保留，地块内建筑风格与布局应体现岭南建筑特色；

2. 地块南边文庙北边文塔，均属于市级文物保护单位，在设计时应在两者之间预留足够的开敞空间视廊；新建建筑高度不宜超过文塔；

3. 根据动静分离原则，商业文化设施、广场、酒店等公共设施应与住宅分区布置；

4. 利用景观系统将南北地块联系起来。

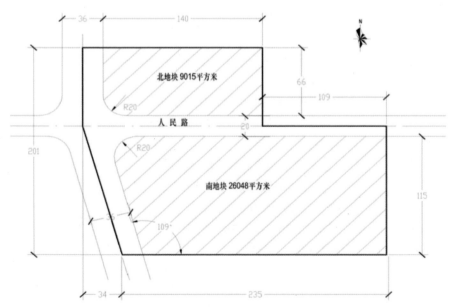

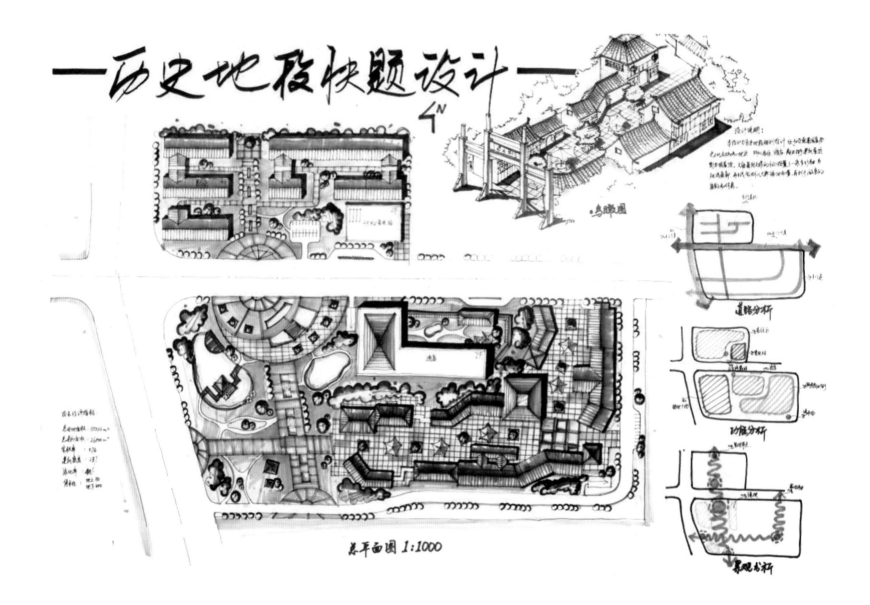

历史地段快题设计

设计说明：

鸟瞰图

道路分析

功能分析

景观分析

总平面图 1:1000

实例7.5.1-1

作　者　李琼
学　校　福建农林大学
作业时间　6小时
图纸尺寸　1号图纸
学习时间　2013绘世界寒假班

设计评价

　　该方案采用传统岭南建筑风格，通过建筑体量和形态展现功能。南北地块通过开敞空间廊道串联，同时为南侧文庙和北侧文塔预留景观视廊。在传统步行街的设计上，应注意步行空间的灵活和秩序并存，避免出现散乱随意的组合形态。

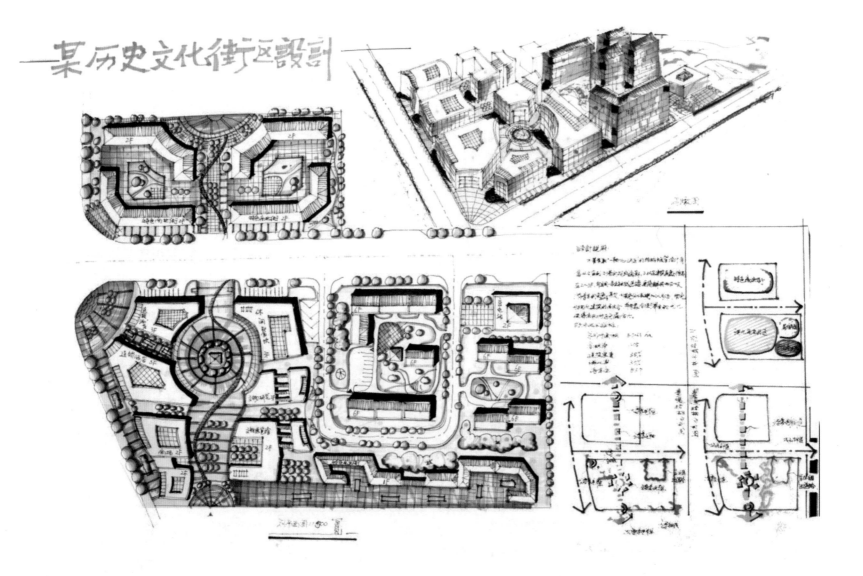

实例7.5.1-2

作　者	张超
学　校	山东理工大学
作业时间	6小时
图纸尺寸	1号图纸
学习时间	2013绘世界寒假班

设计评价

该方案建筑体量、形态与功能联系紧密，融合了传统与现代建筑风格，强化了各组团的风格特征。同时预留城市开敞空间廊道，满足地块的公共职能特性。

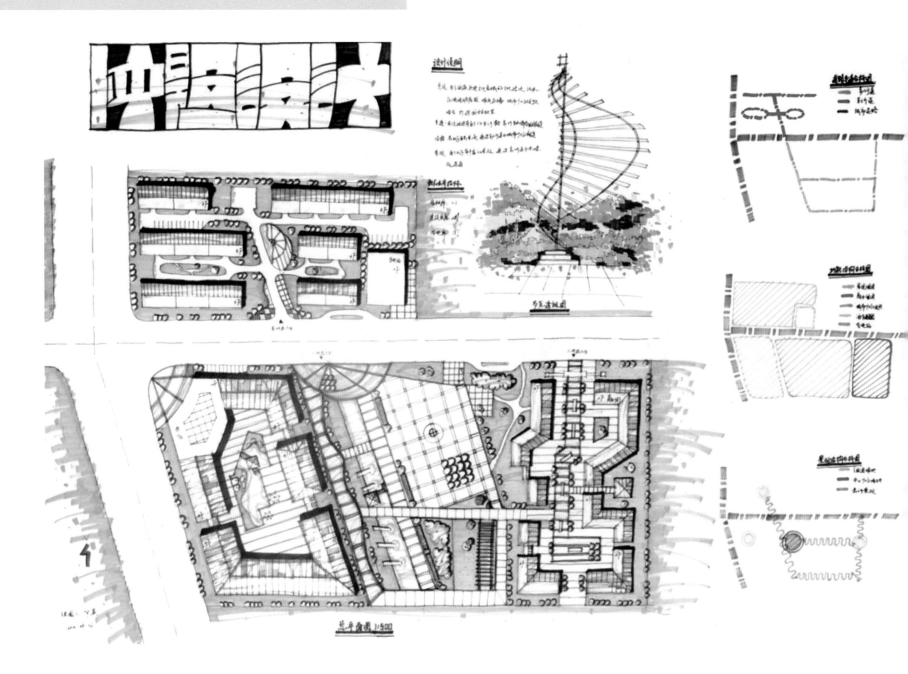

实例7.5.1-3

作　　者 黄月恒
学　　校 沈阳建筑大学
作业时间 6小时
图纸尺寸 1号图纸
学习时间 2013绘世界寒假班

设计评价

　　该方案空间结构清晰，组团分区明确，建筑依据组团功能围合出不同的空间形态，并通过景观廊道串联。不足之处在于，南北地块缺乏空间联系，同时北地块完全依靠城市交通难以满足地块内交通需求。

实例7.5.1-4

作　者 周阳月
学　校 华中科技大学
作业时间 6小时
图纸尺寸 1号图纸

设计评价

　　该方案采用平行于西侧道路的轴线及其垂线，作为空间布局的辅助"方向线"，打破地块原有的单调格局。建筑形态和风格延续传统岭南建筑风格，体量根据功能相应调整。南北地块联系紧密，且预留了文物间的景观视廊。

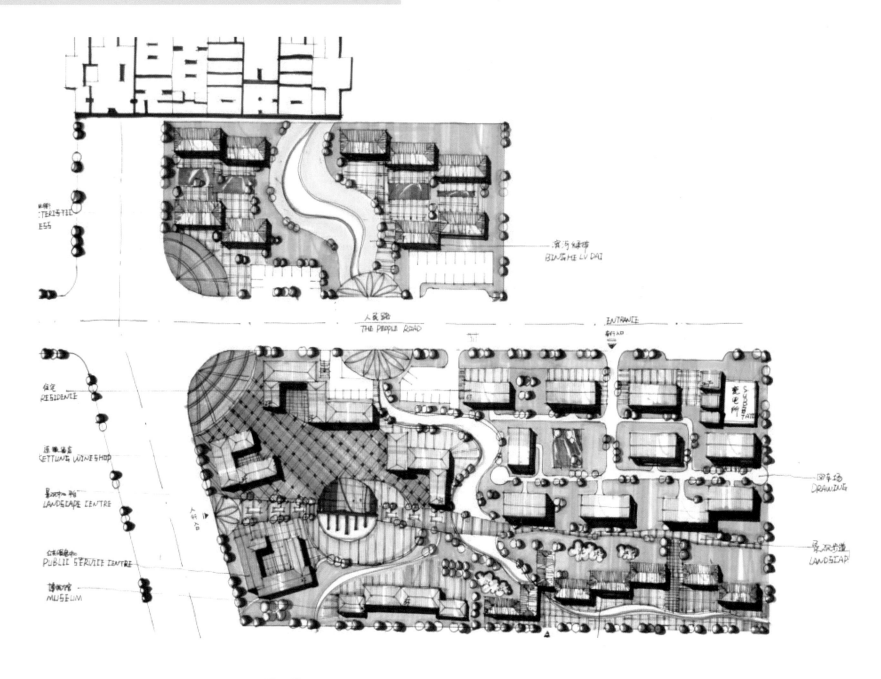

实例7.5.1-5

作　者 徐仕琳
学　校 安徽科技学院
作业时间 6小时
图纸尺寸 1号图纸
学习时间 2013绘世界寒假班

设计评价

　　该方案景观环境丰富，运用水系和广场衔接南北地块，增强设计整体感。建筑风格上，方案沿用岭南建筑风格，采用坡屋顶建筑形式，使方案文化特色凸显。不足之处在于，建筑组合没有形成组团，零散分布，削弱了建筑的群体感和组合感。

7.5.2 某特色中心区规划设计

一、设计条件

① 气候：夏日炎热多雨。

② 现状：见地形图。规划范围的总用地约为120hm²。基地东面有个大湖，环湖拟规划为湖滨文化游憩公园；湖西侧有庙宇一处，香火旺盛，建筑造型及质量均较好。基地中部贯穿小河，河上有石拱桥一座，颇具特色，沿河村庄居民已计划动迁。

③ 功能：根据总体规划，用地为商业、文化、办公、居住混合地段，并设有市民游憩广场一处，面积为1~1.5hm²。本中心尚未进行控制性详细规划。建筑安排项目：商业服务、宾馆、文化娱乐中心、影院、银行、办公楼、住宅等。

④ 建筑容量：毛容积率为1~1.1。

二、设计要求

设计一个布局合理、环境宜人，交通有序、富有特色的中心区设计方案。

三、设计成果

① 总平面图：1:1000；

② 构思分析图（比例和数量自定）局部空间形态表现图（方式和数量自定）；

③ 简要文字说明（300~500字）。

四、时间要求

设计时间为3小时。

题目解读：

1.应注重对庙宇、古桥等历史文化建筑的保留，并结合历史文化建筑进行公共中心节点设计；

2.可以考虑延续历史建筑风格，进行新建建筑设计；

3.通过绿地景观系统和车型交通系统联系东西地块。

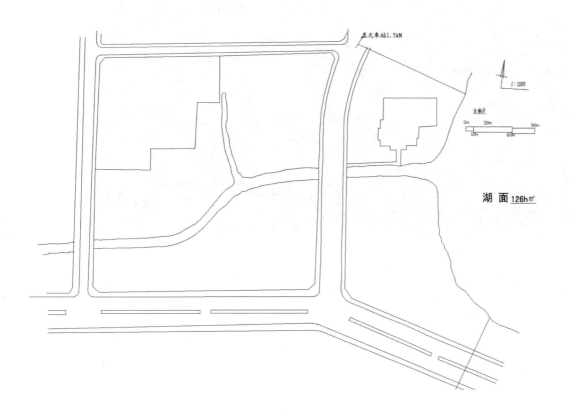

至火车站1.5kM

1:1000

比例尺

0m   30m   90m
  10m   60m

湖 面 126hm²

某城市特色中心区规划设计

总平面图 1:1000

实例7.5.2-1

作　者 乔杰
学　校 华中科技大学
作业时间 6小时
图纸尺寸 1号图纸

设计评价

　　该方案在东侧临湖公园的空间设计上采用轴线对称式，与地块西庙宇建筑空间布局形成呼应。核心地块内组团布局明确，通过三条东西向城市开敞空间廊道，将地块划分为三个组团，组团内建筑形体风格和组合关系都依据功能而定。图面表达上，构图丰满，内容详实，色彩简约，可为考生们提供借鉴。

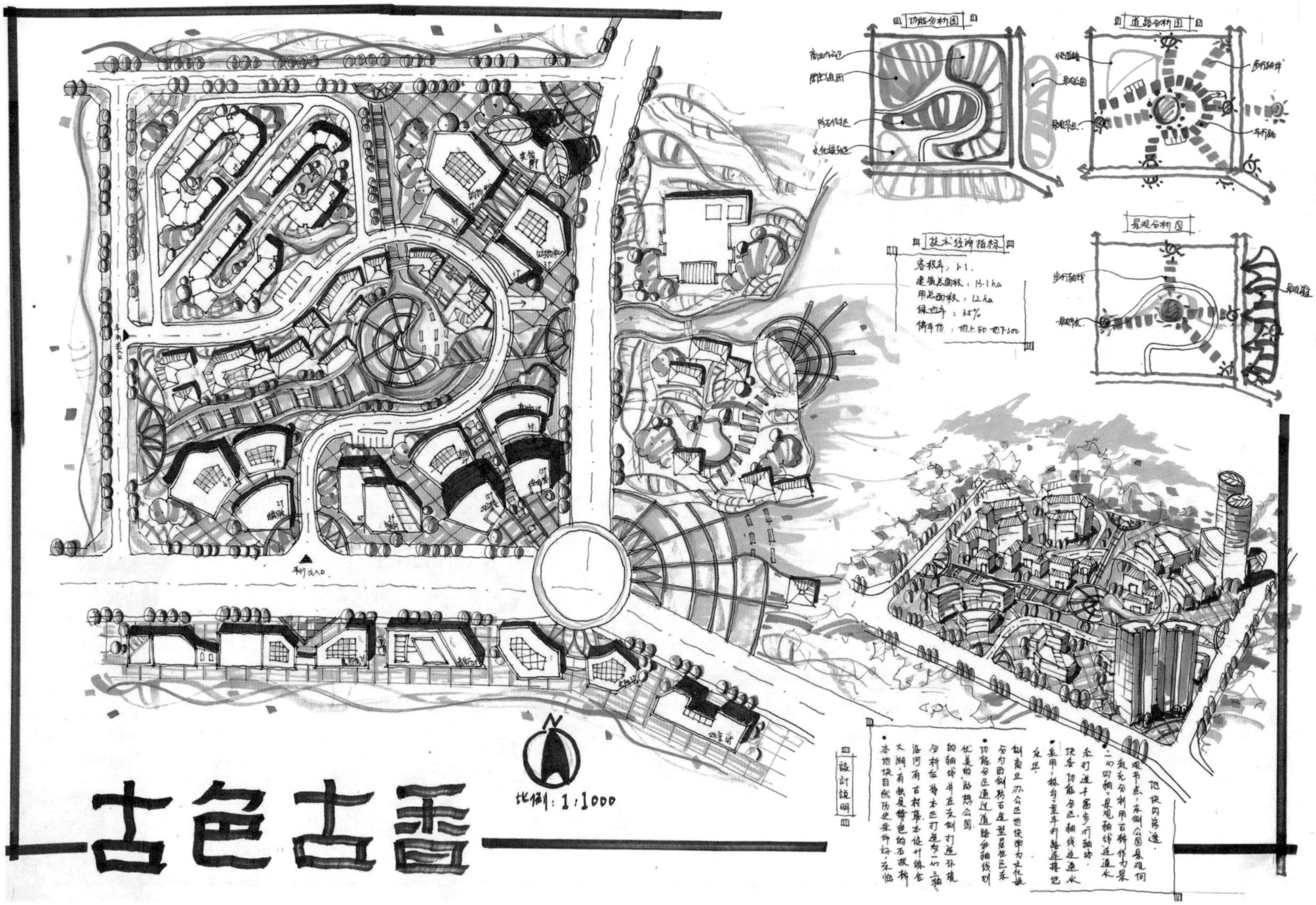

古色古香

比例 1:1000

实例7.5.2-2

作　者　高然
学　校　四川农业大学
作业时间　6小时
图纸尺寸　1号图纸
学习时间　2013绘世界寒假班

设计评价

　　本方案结合村庄拆迁，沿水系布置了小尺度步行商业街。不足之处主要体现在两方面，首先是功能分区不够明确，各功能区内部建筑缺乏呼应，其次未保留庙宇的完整形态，造成历史文化建筑破坏。

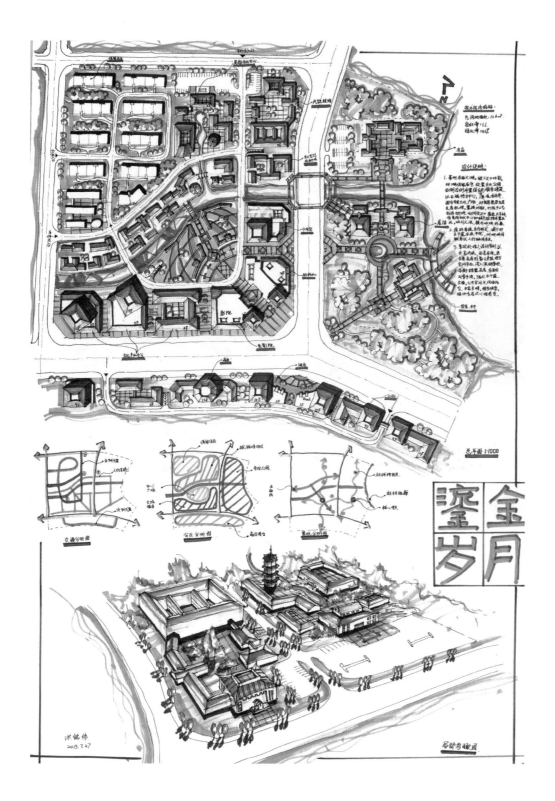

实例7.5.2-3

作　　者	洪铭伟
学　　校	华中科技大学
作业时间	6小时
图纸尺寸	1号图纸
学习时间	2013绘世界规划暑假强化

设计评价

　　该方案功能分区明确，交通组织合理。建筑形态和尺度均结合功能进行设计，突出功能分区，软硬质铺装也根据功能区的不同交替使用。道路系统设计上，道路等级明确，主干路网服务范围广。

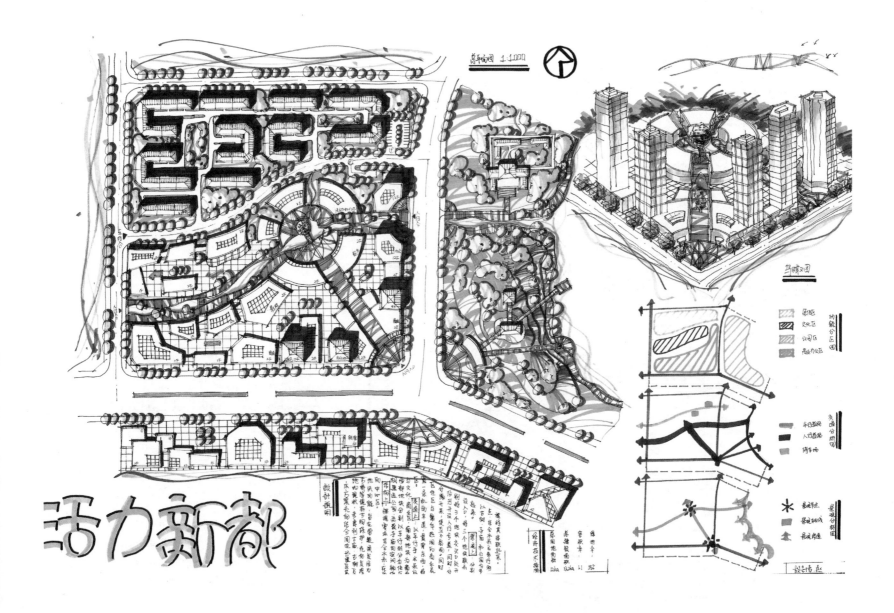

活力新都

实例7.5.2-4

作　者　赵智慧
学　校　信阳师范学院
作业时间　6小时
图纸尺寸　1号图纸
学习时间　2013绘世界寒假班

设计评价

　　该方案结构清晰，功能分区明确。西地块被东西向区内主干道分割成南北两块，南侧布置居住组团，北侧结合干道和周边地块性质布置商业文化建筑，东地块结合保留庙宇着重进行开敞空间布置。方案排版紧凑，整体感强。

第八章　作品欣赏

一同济大学彰武路地块规划设计

2010. 12. 27

实例7.5.2-2

作　者　乔杰
学　校　华中科技大学
作业时间　6小时
图纸尺寸　1号图纸
绘制时间　2010年

设计评价

　　该方案通过内环路网，串联各功能组团，满足地块内机动车交通通行需求。建筑成团成组，组团感强，且建筑形态和功能良好呼应。开敞空间系统上，与环形路网搭配布置南北向对称轴线，结合水系营造轴线，使方案大气又不失灵活。

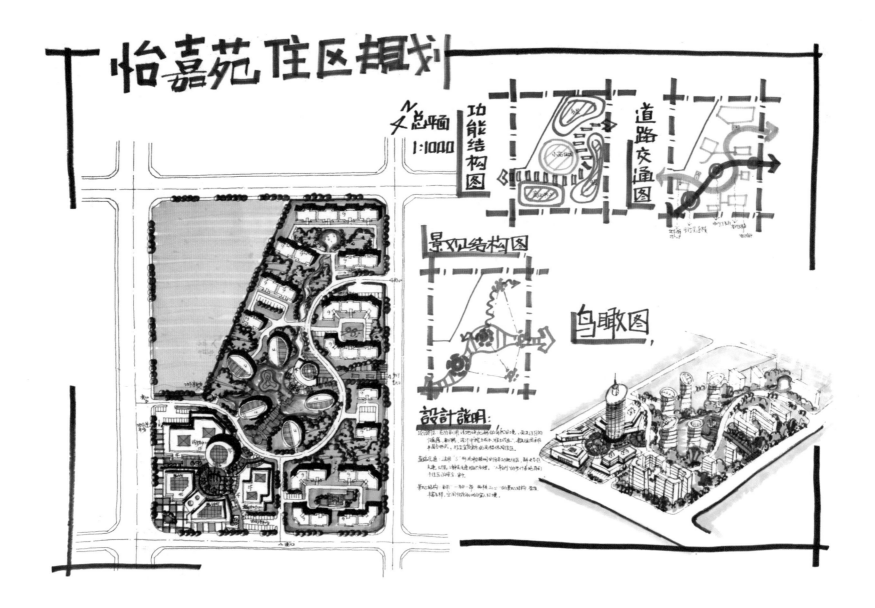

怡嘉苑住区规划

N 总平面 1:1000

功能结构图

道路交通图

景观结构图

鸟瞰图

设计说明：

实例7.5.2-3

设计评价

作　　者　周阳月
　　　　　　绘世界2012寒假班学员
设计时间　2012.02.08
学　　校　华中科技大学
指导老师　乔杰

　　该方案建筑布局组图感强，条形居住建筑成"U"字型围合，点式居住建筑结合水系集中布置，公共建筑采用"切割法"围合布置，各功能组团分区明确。此外，该方案画面丰富，色彩饱和度高，易吸引评委目光。

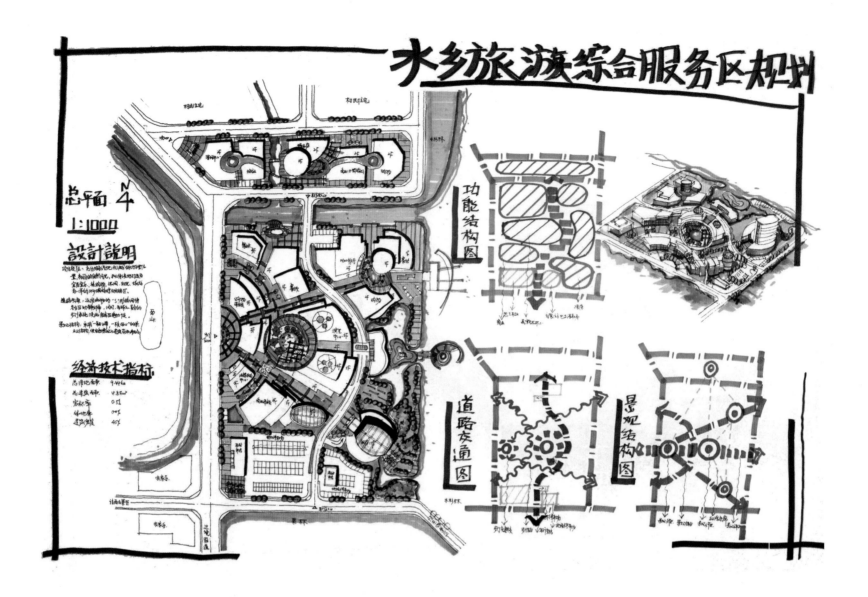

实例7.5.2-4

作　　者	周阳月
学　　校	华中科技大学
作业时间	6小时
图纸尺寸	1号图纸
学习时间	2012绘世界寒假班

设计评价

　　该方案采用节点放射式景观结构，通过轴线联系各组团中心与地块中心节点。通过轴线切割地块布置建筑，使建筑组团围合感强。

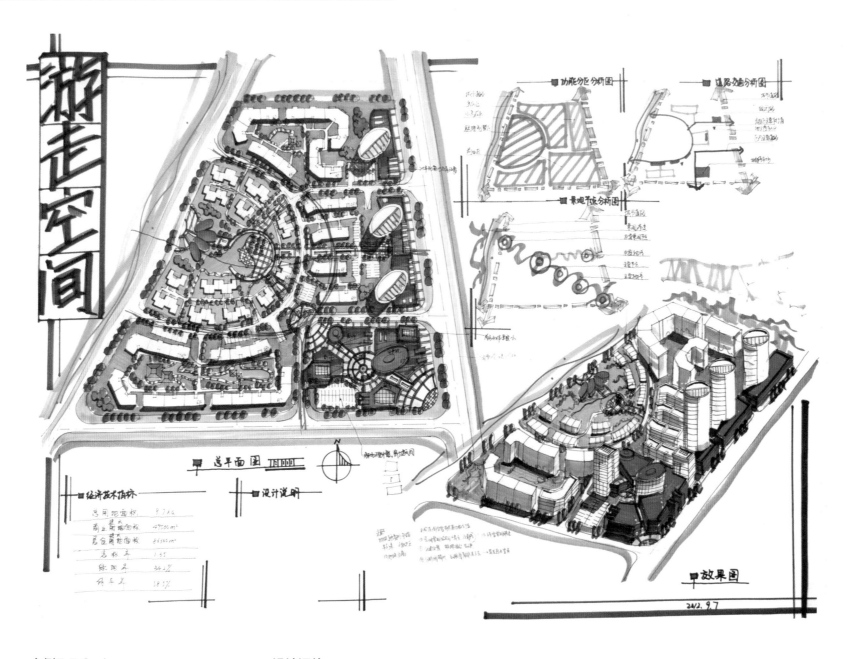

实例7.5.2-4

作 者	祝晓萧
学 校	华中科技大学
作业时间	6小时
图纸尺寸	1号图纸
学习时间	2012绘世界寒假班

设计评价

方案设计较充分的利用了设计地块的周边环境，特别是水系的引入，使整个小区具有了灵动的空间。路网结构清晰，组团空间划分明确，沿街商业的设计更突出的体现了现代小区设计的特色，商业街轴线划分合理，如果住宅的布局能较好的结合基地环境，方案的设计会更加完美。平面方案表现色彩统一，颜色搭配并能通过色彩表现自己的设计方案理念。鸟瞰图色彩简单且能够快速抓住主要建筑体块。

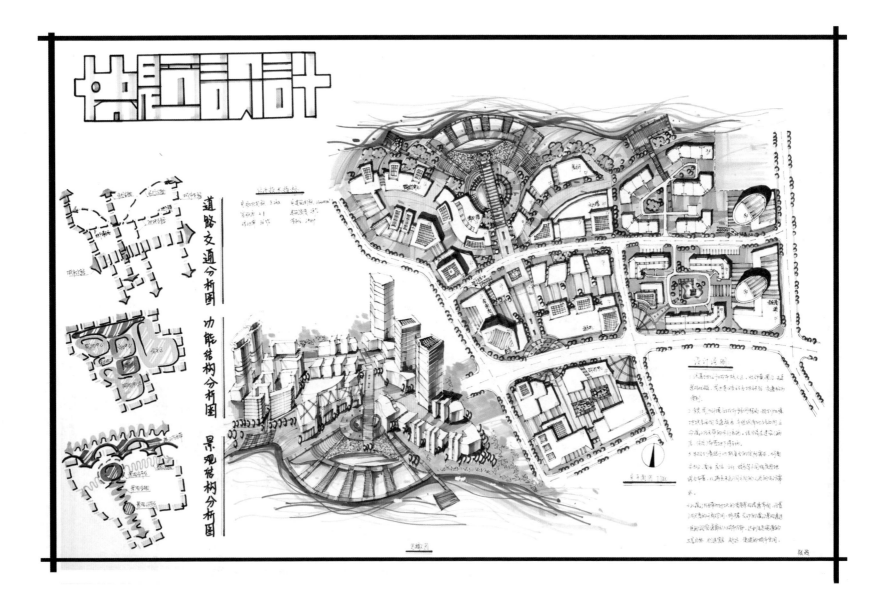

道路交通分析图

功能结构分析图

景观结构分析图

实例7.5.2-2

作　者　张趁
学　校　中南大学
作业时间　6小时
图纸尺寸　1号图纸
学习时间　2013绘世界暑假规划强化班

设计评价

　　本方案为某城市核心区设计，为了充分体现城市特色充分利用地块周边的自然环境，通过对码头景观的改造，设计了一个富有地方特色的商业步行街。路网设计合理，能够使城市核心地块形成紧密的联系。通过滨河景观引入的景观轴线将城市的各个功能分区紧密的联系在一起，更能体现城市核心地区功能复合的要求。居住区建筑采用围合式布局，更能充分的结合地块的周边环境。商业建筑之间通过连廊联系，更体现商业街的延续性。商业建筑部分体量偏小，如果能稍微注意一下商业建筑体块的切割，本方案将会更加完美。

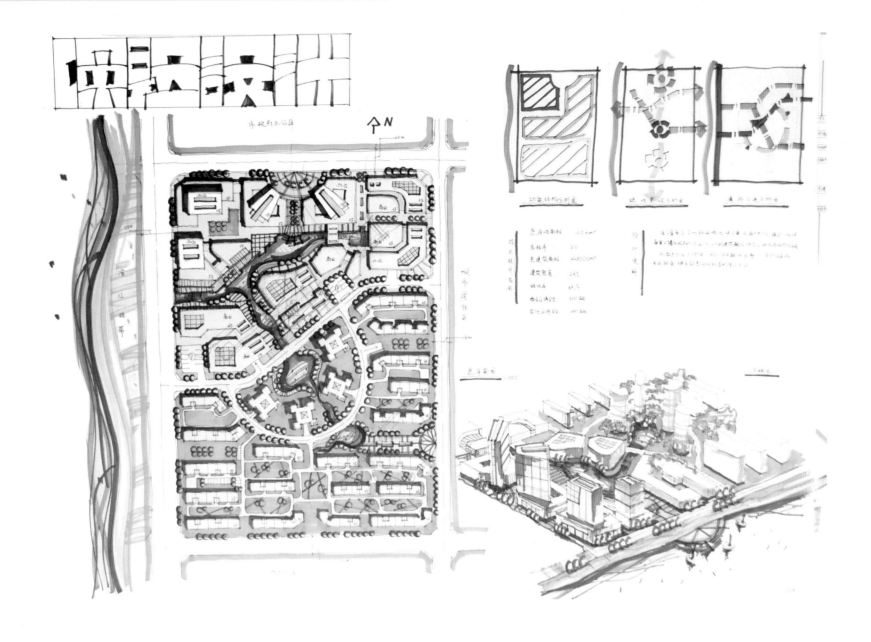

实例7.5.2-2

作　　者 何盈佳
学　　校 华中科技大学
作业时间 6小时
图纸尺寸 1号图纸
学习时间 2012绘世界寒假班

设计评价

　　该方案巧妙的通过斜向道路打破地块方正格局，使建筑布局富于变化。景观环境设计上，本方案利用水环境串联南北两个功能区中心，增强方案整体感。

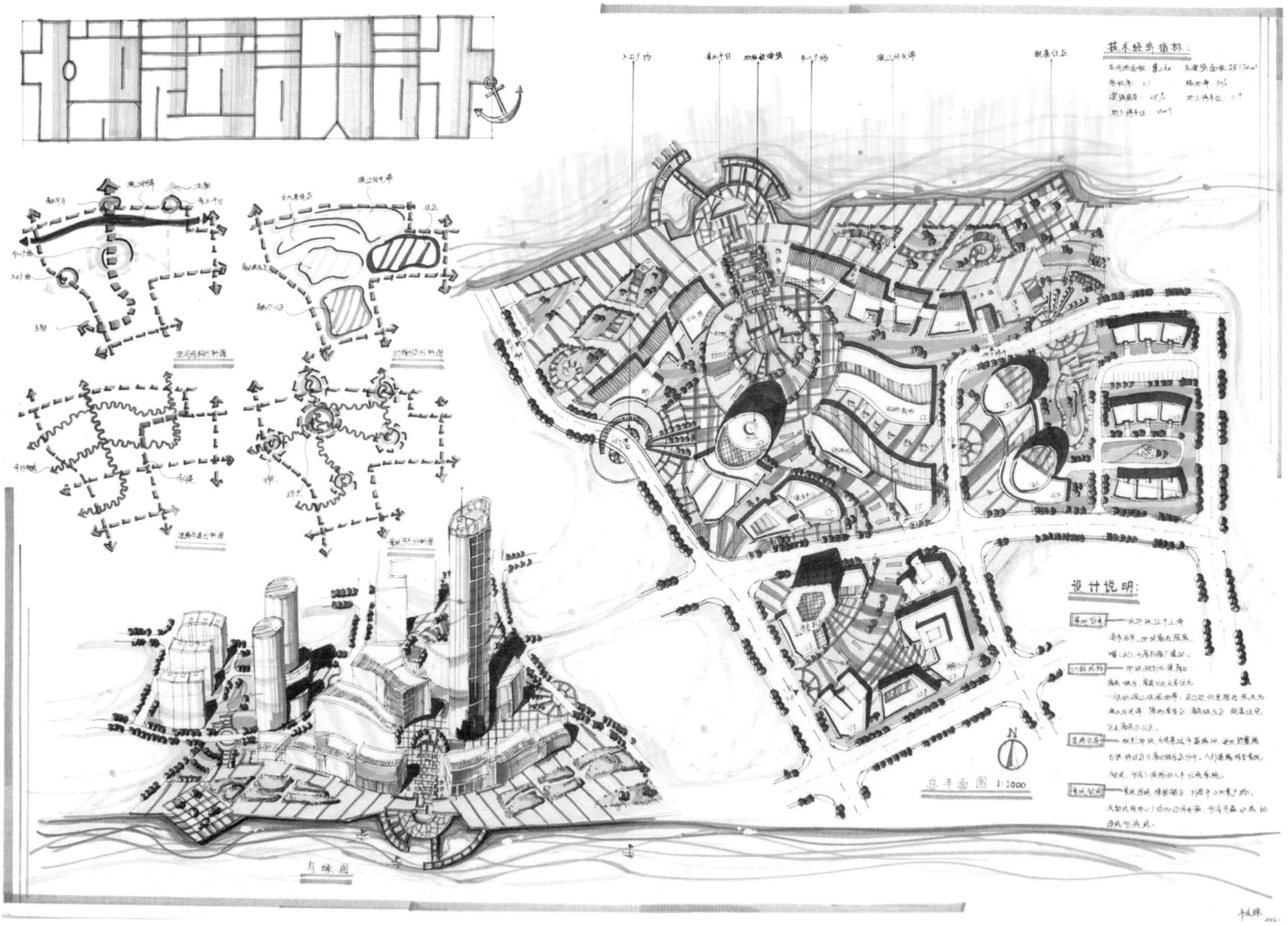

实例7.5.2-2

作 者	韦灵琛
学 校	中南大学
作业时间	6小时
图纸尺寸	1号图纸
学习时间	2013绘世界暑假规划强化班

设计评价

本方案设计结构布局合理，方案构思新颖，能充分利用基地周边的自然环境。道路设计能够利用原有道路的线性进行设计，不打破原有地块的整体性。景观轴线设计更加丰富，能够使基地和周边环境形成紧密的呼应，步行轴线清晰，各个景观节点联系更加密切。商业建筑造型丰富，能充分体现商业特色。商业与居住的联系密切，方便居民日常的购物，体现了"以人为本"的设计理念。住宅的容积率稍微小了点儿，整体方案设计符合设计要求。

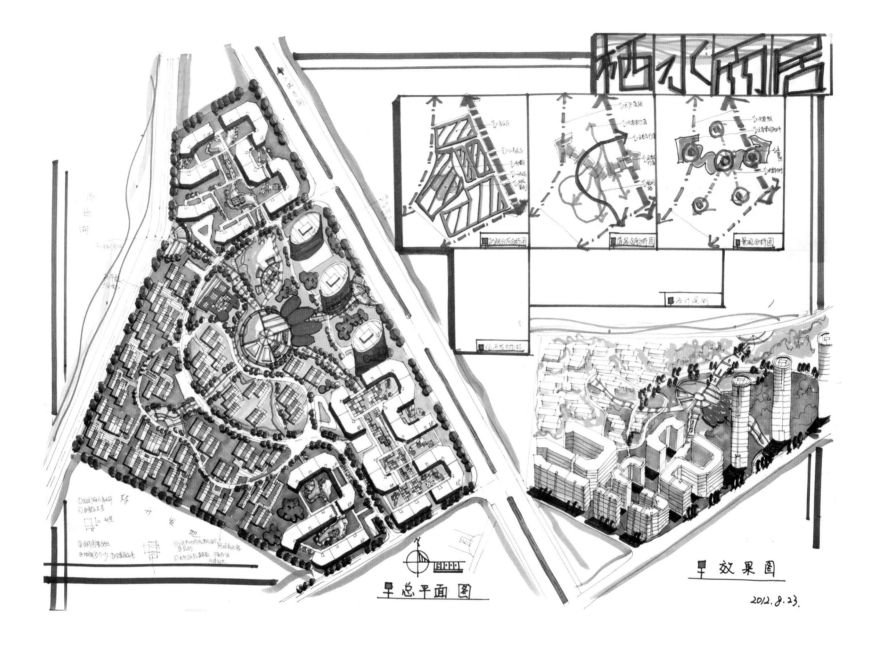

栖水雨居

早总平面图

早效果图

2012.8.23.

实例7.5.2-2

作　　者 祝晓萧
学　　校 华中科技大学
作业时间 6小时
图纸尺寸 1号图纸
学习时间 2012绘世界寒假班

设计评价

　　该方案采用挂钩形路网，解决区内车行交通，但路网对不同功能区块的分隔作用尚显薄弱，可以考虑利用车行道路分隔不同功能区，再用景观系统串联各组团，使方案分区明确又联系紧密。

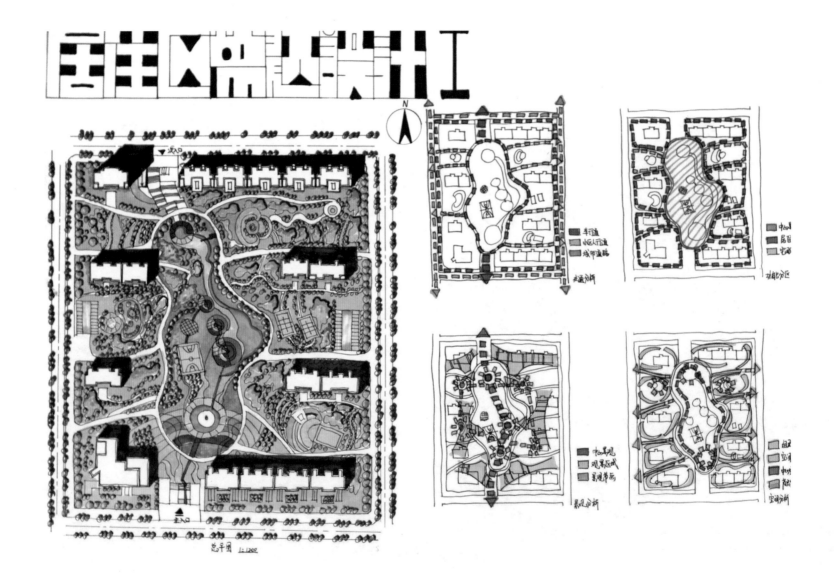

居住区景观设计工

总平图 1:1200

实例7.5.2-2

作　者 绘世界学员
作业时间 6小时
图纸尺寸 1号图纸
学习时间 2010绘世界寒假班

设计评价

　　该方案为居住区规划设计，偏重景观环境设计，可以辅助规划专业考生居住区景观设计临摹训练。

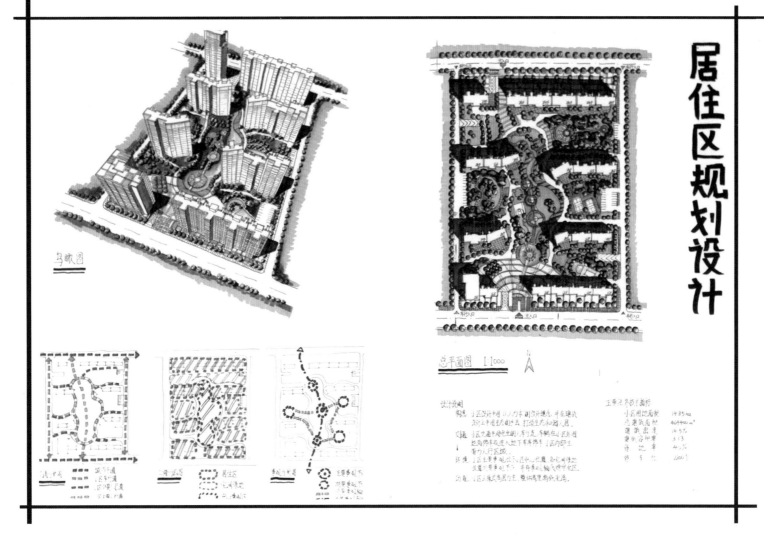

总结

1.快题设计图面建议

①基本要求：构图、色彩、图面完整性（平面、分析、设计说明、效果图）；

②表达完整：道路双线、交叉口圆角、停车位、地下车库入口、层高、主次交通入口、指北针；

③表现细节：建筑错层、阴影、连廊、玻璃、屋顶构架、铺地形态与建筑形式的结合、绿化层次（铺地、树丛）；

④有目的的深化、多即是少。

2.规划快题高分要点

①功能区块明显（一眼中的）；

②完善的交通系统（主次、层次、系统、合理）；

③组团结构清晰；

④体量推敲（能看出区别关系）；

⑤明晰的空间关系（图面有深度、层次、共建取暖色、标注功能）；

⑥结构主次；

⑦图面表达为方案服务（正确完整的表达重要与"好看"的表现）；

⑧领悟出题者意图。

《城市规划快题设计与表达》这本书凝聚了我们绘世界快题培训中心各位老师和同事的付出和努力，绘世界CEO张光辉老师为该书的成形、修改和完善提出了很多宝贵的建议，对该书出版发行的专业意义寄予了很高的期望。绘世界设计总监王成虎老师作为为该书的设计表达、大量作品优化提供了宝贵的技术指导和完善建议，正是大家这一年的专注和协作才有了最终呈现在眼前的每一个观点和画面，同时也要感谢绘世界2010-2013年规划考研方案班学员提供作品。

对于我来说，书——让我怀揣一种敬畏，因为它是知识的源泉，在编著这本书过程中我所感受到是眼前的浩瀚以及自己的渺小，我所能做的是让更多的读者能通过本书的知识疏导，开始一段自己的探索行程，如果有更多的这样的参与者，大家集思广益、相互交流，相信对于城市规划快题这门规划专业技能的掌握，我们会有更多的收获和感悟。

本书的编著过程系统的整理了规划相关专业基础知识、法规、规范等，参考了大量图书，设计资料、考试试题，已在参考文献及图表出处中做了相关表述，如果疏漏，请给予纠正，在此一并感谢。

作者

2013年7月于绘世界

参考文献：

相关规范标准

1.《城市公共交通站、场、厂设计规范》 中华人民共和国城乡建设环境保护部标准CJJ 15—87

2.《城市道路交通规划设计规范》中华人民共和国建设部GB 50220-95

3.《镇规划标准》中华人民共和国国家标准 GB 50188—2007

4.《旅游规划通则》中华人民共和国国家标准 GB/T 18971—2003

5.《城市公共体育设施标准设施用地定额指标暂行规定》

6.《停车场规划设计规则（试行）》公安部、建议部[88]公（交管）字90号

相关书籍

[1]吴志强,李德华.城市规划原理 [M].北京：中国建筑工业出版社,1999.

[2]洪亮平.城市设计历程[M].北京：中国建筑工业出版社,2002.

[3]周俭.城市住宅区规划原理[M].上海：同济大学出版社,1999.

[4]《建筑设计资料集》编委会.建筑设计资料集[M].

第2版.北京：中国建筑工业出版社,1999.

[5]（德）普林茨.城市设计（上）——设计方案（原著第七版）[M].吴志强译制组译.北京：中国建筑工业出版社,2010.

[6]（德）普林茨.城市设计（下）——设计构建（原著第六版）[M].吴志强译制组译.北京：中国建筑工业出版社,2010.

[7]王受之.当代商业住宅区的规划与设计：新都市主义论[M].北京：中国建筑工业出版社,2001.

[8]胡纹.居住区规划原理与设计方法[M].北京：中国建筑工业出版社,2007.

[9]邓述平等.居住区规划设计资料集[M].北京：中国建筑工业出版社,1996.

[10]金广君.国外现代城市设计精选[M].哈尔滨：黑龙江科学技术出版社,2000.

[11]张斌,杨北帆.城市设计与环境艺术[M].天津：天津大学出版社,2000.

[12]李雄飞，赵亚翘等.国外城市中心商业区与步行街[M].天津:天津大学出版社,1990.

[13]亚历山大等.建筑模式语言[M].王听度、周序鸿等译.北京：知识产权出版社.2002.

[14]约翰·彭特.美国城市设计指南——西海岸五城市的设计政策与指导[M].庞玥译.北京：中国建筑工业出版社,2006.

[15]北京市城市规划设计研究院.城市规划资料集（第6分册）城市公共活动中心[M].北京：中国建筑工业出版社,2003.

[16]张光辉,王成虎.考研快题设计精选[M].北京中国林业出版社,2012.

[17]李昊,周志菲.城市规划快题考试手册[M].武汉：华中科技大学出版社,2011.

[18]杨俊宴,谭瑛.城市规划快题设计与表现（第2版）[M].沈阳：辽宁科学技术出版社,2010.

[19]于一凡,周俭.城市规划快题设计方法与表现（第2版）[M].北京：机械工业出版社,2011.

简介
Description

"绘世界考研快题训练营"是由手绘商会联合绘世界手绘网，绘世界文化传媒有限公司共同打造的全国专业高端培训机构，为考研的和即将从事设计行业学员提供专业培训。

2011、2012连续两年被"中国教育网""中国广播网""腾讯网""楚天都市报"等数十家媒体报道并得到社会各界好评。

2013年华南理工大学建筑设计第一名出自绘世界，众多学员被东南大学、华南理工大学、南京林业大学、华中科技大学、北京建筑大学、西安建筑科技大学、武汉大学等众多高校录取。

2012年参加考研中取得140高分快题学员4名，分别为华中科技大学建筑、景观、武汉大学城市规划及武汉理工大学。参加哈尔滨工业大学考试学员取得136高分，华南理工大学两名学员取得130及126高分。华中科技大学园林景观录取绘世界学员占所有录取人数60%

2010年硕士研究生考试中2名学员以手绘快题成绩146和138高分成绩夺得艺术设计、园林景观两专业第一名。东南大学、北京林业大学、等高校高分均出自绘世界。武汉大学专业第一名快题成绩144分和城市规划快题140高分成绩出自绘世界（快题总分150）参加其他高校考研中快题通过率达到100%

校区：
■ 武汉校区　■ 郑州校区　■ 南京校区

全国咨询电话：400-646-1997　　指定淘宝：http://shouhui.taobao.com

绘世界企业QQ:400-646-1997　　报名网站：www.shouhui.net　中国手绘交流：www.huisj.com(绘世界网)

地址：中国·武汉光谷 湖北信息科技大厦对面 滨湖二楼　　　集训校区：武汉江夏区18号 武昌理工学院

绘世界手绘 公众微信